Ich kann Mathematik

Lernbuch zum Atlas Mathematik

BAND 2 (Sich) vertiefen • fragen • Werkzeuge schaffen

Peter Geering | Marianne Kunath

LERNBUCH • VERLAG

Wie Viele Ohren Beine und Arme aller Kinder sind es in der Klasse?
es sind 102

Diese Frage hat sich Jolanda gestellt*
– und auch gleich beantwortet.

Mathematik ist etwas
für neugierige Leute.
Dieses Lernbuch besteht aus
Fragen und Wegen zu Antworten.

Du findest auch Platz
für deine eigenen Fragen,
deine Überlegungen
und deine Antworten.
Wie viele Kinder sind wohl
in Jolandas Klasse?

* Bei der Bearbeitung der Seite 87.

Wie kann ich mit dem Lernbuch arbeiten?

Schau dir die Fragen auf den Seiten an.
Wenn dich etwas interessiert,
versuche den Text, das Bild, die Zeichnung zu verstehen.

Zuerst ist das vielleicht noch schwierig.
Suche dir dann jemanden, der dir hilft.
Wenn dir etwas zu schwierig ist, hebe es für später auf.

Suche dir etwas aus –
arbeite nicht einfach von vorne nach hinten!

Auf vielen Seiten findest du Spiele oder Übungen,
die du mit anderen zusammen machen kannst – immer wieder.

Zum Beispiel „Karten aufdecken“ (Seite 75)

Ein Partnerspiel:
Beide Kartenwerte
werden multipliziert.
Das größere Produkt
gewinnt den Stich.

Es gibt weiße und farbige Seiten
in diesem Lernbuch.

Hier steht das **Material**,
das du brauchst.

Die weißen Seiten sehen so aus:

Farbstifte

18 Wie sind Hausnummern geordnet?

Marit hat ihre Straße gezeichnet.
Welche Hausnummern hat sie gefunden?

Geht zu einer Straße in der Nähe mit wenig Verkehr.
Macht einen Spaziergang durch die Straße.
Wie heißt eure Straße?

Das bedeutet, dass
du die Seite **allein**
bearbeiten und
mit anderen
vergleichen kannst.

Am Anfang
steht eine **Frage**.

Hier stehen
Texte, **Bilder**, **Zeichnungen**.
Frage jemanden,
wenn du etwas alleine
nicht verstehst.
Der freie Platz
ist für deine Notizen.

Auf den farbigen Seiten ist zusammengefasst,
was du mit dem Lernbuch lernen kannst
– zum Beispiel im Umgang mit Zahlen.
Die farbigen Seiten sehen so aus:

Die Zeichen für die Ziele findest du auch oben auf den weißen Seiten.

Hier sind die Ziele, die unten auf den weißen Seiten stehen.

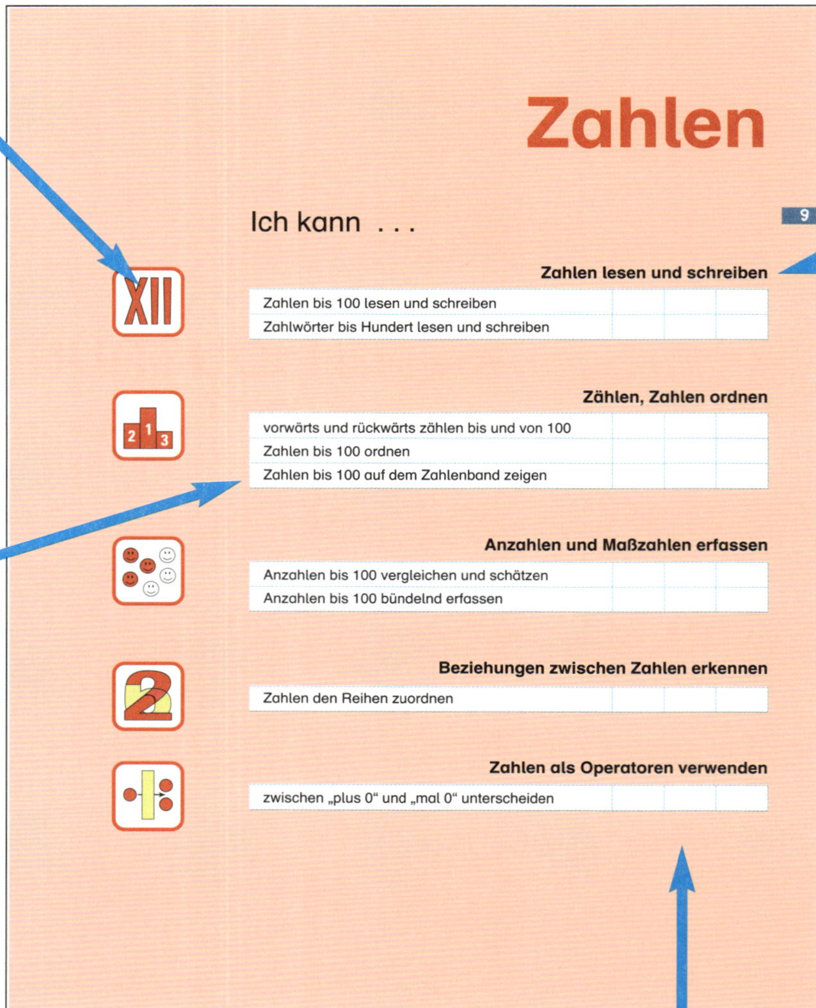

Zahlen

Ich kann . . .

9

Zahlen lesen und schreiben

Zahlen bis 100 lesen und schreiben			
Zahlwörter bis Hundert lesen und schreiben			

Zählen, Zahlen ordnen

vorwärts und rückwärts zählen bis und von 100			
Zahlen bis 100 ordnen			
Zahlen bis 100 auf dem Zahlenband zeigen			

Anzahlen und Maßzahlen erfassen

Anzahlen bis 100 vergleichen und schätzen			
Anzahlen bis 100 bündelnd erfassen			

Beziehungen zwischen Zahlen erkennen

Zahlen den Reihen zuordnen			

Zahlen als Operatoren verwenden

zwischen „plus 0“ und „mal 0“ unterscheiden			

Das sind die Ziele der folgenden Seiten.

Hier kannst du eintragen, wie gut du etwas schon kannst.

Ich kann, was auf der Zeile steht	X		
Ich kann mehr, bin Meisterin oder Meister	X	X	
Ich kann viel mehr, bin Expertin, Experte	X	X	X

Das bedeuten die Zeichen:

 Du kannst allein arbeiten.

 Du kannst allein arbeiten und dann mit anderen vergleichen.

 Du brauchst ein Partnerkind.

 Du brauchst ein oder mehrere Partnerkinder.

 Du brauchst mehrere Partnerkinder.

 Aufgaben für Kinder, die Meister werden wollen

Das braucht ihr, um in diesem Buch zu arbeiten:

Klebstoff,
Farbstifte, Schere, Lineal

Farbiges Papier,
leere Karteikarten, Heft

Münzen,
Knöpfe, Plättchen oder
ähnliches zählbares Material

Zahlenkarten mit den
Zahlen von 0 bis 100

Kartenspiel, auch mit
kleinen Kartenwerten

Spielwürfel

Messband

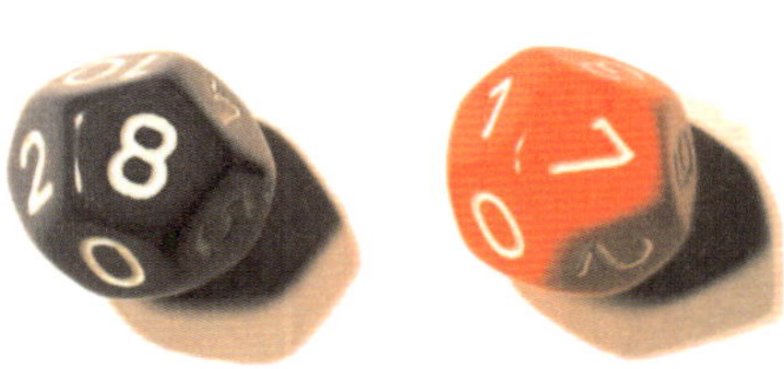

Zehnerwürfel

Zahlen

Ich kann . . .

Zahlen lesen und schreiben

Zahlen bis 100 lesen und schreiben			
Zahlwörter bis Hundert lesen und schreiben			

Zählen, Zahlen ordnen

vorwärts und rückwärts zählen bis und von 100			
Zahlen bis 100 ordnen			
Zahlen bis 100 auf dem Zahlenband zeigen			

Anzahlen und Maßzahlen erfassen

Anzahlen bis 100 vergleichen und schätzen			
Anzahlen bis 100 bündelnd erfassen			

Beziehungen zwischen Zahlen erkennen

Zahlen den Reihen zuordnen			

Zahlen als Operatoren verwenden

zwischen „plus 0“ und „mal 0“ unterscheiden			

XII

Papier, Schere, Farbstifte, Klebstoff, Zeitungen, Kataloge

Welche Eigenschaften haben Zahlen?

Was bedeuten Zahlen?
Worin unterscheiden sie sich?
Was ist an ihnen besonders?

Schreibe, zeichne, klebe alles über Zahlen auf Blätter.
Jede Zahl bekommt ein eigenes Blatt.
Sammle die Blätter. Ordne sie.

Sara freut sich, dass sie schon bis 53 zählen kann.
Sie hat deshalb eine Zahlenschlange zur 53 gezeichnet.

Zu welcher Zahl zeichnest du eine Zahlenschlange?

Zu jeder Zahl kannst du Bilder gestalten, Geschichten erzählen, Rechnungen schreiben und alles, was dir sonst noch einfällt.

Wie viele Jahre zählt meine Familie?
Papi ist 42 Mami ist 35
Nicole ist 10 Ich bin 8
Roger ist 4
Zusammen zählen wir 99
Ich bin 34 Jahre jünger als Papi. Nicole ist 2 Jahre älter als ich
ich bin 4 Jahre älter als Roger. Ich bin 27 Jahre als Mami.

Claas hat das Alter seiner Familie ausgerechnet und ist dabei auf 99 Jahre gekommen.

Wie alt ist deine Familie?

1 · 8 = 8
2 · 8 = 16
3 · 8 = 24
4 · 8 = 32
5 · 8 = 40
6 · 8 = 48
7 · 8 = 56
8 · 8 = 64
9 · 8 = 72
10 · 8 = 80

Das ist die Achterreihe. Ich finde die Achterreihe ganz einfach.

Ich muss einfach immer 2 abzählen.

Zur Zahl 80 hat Melina die Achterreihe geschrieben.
Verstehst du den Trick von Melina?

XII

Papierstreifen,
2 Zehnerwürfel

Zahlwort-Puzzle: Wie werden Zahlwörter geschrieben?

Alle Zahlwörter bis „neunundneunzig“ findest du auf der übernächsten Seite.

1. Zahlwort-Puzzle

Zahlwörter für größere Zahlen
sind aus Wort-Teilen zusammengesetzt.

s	e	c	h	s	**u**	**n**	**d**	s	i	e	b	z	i	g

Beispiel:
Das Zahlwort für 76 besteht aus den drei Teilen sechs – und – siebzig.
Schreibe solche Zahlwort-Teile auf Papierstreifen.

Wie viele Teile brauchst du,
um alle Zahlen bis Hundert
nacheinander zusammensetzen zu können?

2. Ein Rätsel

In welche Felder passen die Zahlwörter zu den Zahlen 31, 38, 66, 97?
In jedes Feld kommt genau ein Buchstabe.

54	v	i	e	r	**u**	**n**	**d**	f	ü	n	f	z	i	g
					u	**n**	**d**							

							u	n	d							
								u	n	d						
					u	n	d									

3. Finde Zahlwörter, die hier passen.

				u	n	d							

Wie viele Zahlwörter gibt es, die passen?

4. Zahlen würfeln und schreiben (Partner-Spiel)

Nehmt zwei verschiedene Zehnerwürfel.
Mit dem einen würfelt ihr die Zehner,
mit dem anderen die Einer.
Schreibt die so erwürfelte Zahl
mit Ziffern und als Zahlwort
und vergleicht miteinander.

87 siebenundachtzig

Ich kann Zahlwörter bis Hundert lesen und schreiben

Zahlen und Zahlwörter von 1 bis 99

1 eins
2 zwei
3 drei
4 vier
5 fünf
6 sechs
7 sieben
8 acht
9 neun
10 zehn
11 elf
12 zwölf
13 dreizehn
14 vierzehn
15 fünfzehn
16 sechzehn
17 siebzehn
18 achtzehn
19 neunzehn
20 zwanzig
21 einundzwanzig
22 zweiundzwanzig
23 dreiundzwanzig
24 vierundzwanzig
25 fünfundzwanzig
26 sechsundzwanzig
27 siebenundzwanzig
28 achtundzwanzig
29 neunundzwanzig
30 dreißig
31 einunddreißig
32 zweiunddreißig
33 dreiunddreißig
34 vierunddreißig
35 fünfunddreißig
36 sechsunddreißig
37 siebenunddreißig
38 achtunddreißig
39 neununddreißig
40 vierzig
41 einundvierzig
42 zweiundvierzig
43 dreiundvierzig
44 vierundvierzig
45 fünfundvierzig
46 sechsundvierzig
47 siebenundvierzig
48 achtundvierzig
49 neunundvierzig
50 fünfzig
51 einundfünfzig
52 zweiundfünfzig
53 dreiundfünfzig
54 vierundfünfzig
55 fünfundfünfzig
56 sechsundfünfzig
57 siebenundfünfzig
58 achtundfünfzig
59 neunundfünfzig
60 sechzig
61 einundsechzig
62 zweiundsechzig
63 dreiundsechzig
64 vierundsechzig
65 fünfundsechzig
66 sechsundsechzig
67 siebenundsechzig
68 achtundsechzig
69 neunundsechzig
70 siebzig
71 einundsiebzig
72 zweiundsiebzig
73 dreiundsiebzig
74 vierundsiebzig
75 fünfundsiebzig
76 sechsundsiebzig
77 siebenundsiebzig
78 achtundsiebzig
79 neunundsiebzig
80 achtzig
81 einundachtzig
82 zweiundachtzig
83 dreiundachtzig
84 vierundachtzig
85 fünfundachtzig
86 sechsundachtzig
87 siebenundachtzig
88 achtundachtzig
89 neunundachtzig
90 neunzig
91 einundneunzig
92 zweiundneunzig
93 dreiundneunzig
94 vierundneunzig
95 fünfundneunzig
96 sechsundneunzig
97 siebenundneunzig
98 achtundneunzig
99 neunundneunzig

5. Erweitere dein Puzzle für Zahlen, die größer sind als 99.
Wie viele Teile brauchst du noch,
um die Zahlwörter bis Tausend legen zu können?

**6. Kennst du jemanden,
der in einer anderen Sprache zählen kann,
oder kannst du es selbst?**
Vergleiche die Zahlwörter bis Hundert in verschiedenen Sprachen.

Ich kann Zahlwörter bis Hundert lesen und schreiben

Wie groß ist der Fehler?

Vertauschst du bei einer Zahl die Ziffern, bekommst du ihre „Umkehrzahl“.

Beispiele: Die Umkehrzahl von 85 ist 58.
Die Umkehrzahl von 47 ist 74.

Wie groß sind die Unterschiede zwischen einer Zahl und ihrer Umkehrzahl? Rechne mindestens zehn Beispiele.

Was fällt dir auf? Schreibe eine Regel dazu.

Wie liegen Umkehrzahlen in der Hunderter-Tafel?
Markiere Paare von Umkehrzahlen in der Hunderter-Tafel.
Kannst du einen Zusammenhang mit deiner Regel finden?

1	2	3	4	5	6	7	8	9	10
11	12	13	14	15	16	17	18	19	20
21	22	23	24	25	26	27	28	29	30
31	32	33	34	35	36	37	38	39	40
41	42	43	44	45	46	47	48	49	50
51	52	53	54	55	56	57	58	59	60
61	62	63	64	65	66	67	68	69	70
71	72	73	74	75	76	77	78	79	80
81	82	83	84	85	86	87	88	89	90
91	92	93	94	95	96	97	98	99	100

Wie steht es bei Zahlen mit einer Ziffer 0?
Erkläre deine Regel anderen.
Findest du auch eine Regel für Zahlen und Umkehrzahlen mit drei Ziffern?

Farbstifte

Wie sind Hausnummern geordnet?

Marit hat ihre Straße gezeichnet.
Welche Hausnummern hat sie gefunden?

Geht zu einer Straße in der Nähe mit wenig Verkehr.
Macht einen Spaziergang durch die Straße.
Wie heißt eure Straße?

Zeichnet eure Straße mit den
Häusern und den Hausnummern.
Fällt euch an den Nummern etwas auf?

Zahlenkarten von 0 bis 100

Zahlen auf dem Band: Welche Zahlen passen?

Ein Spiel für 2 oder mehr Spielende
Mischt die Zahlenkarten.
Alle Spielenden ziehen eine zweistellige Zahl (z. B. 54) und schreiben diese in das mittlere Feld ihres Zahlenbandes:

										54										

Deckt reihum eine Karte vom Stapel auf.
Wenn die Zahl auf euer Band passt, tragt sie darauf ein.
Wenn nicht, legt sie beiseite.
Wer am Schluss die meisten Zahlen auf seinem Band hat, gewinnt.

Zahlenkarten von 1 bis 100

Lotto in der Hunderter-Tafel: Wo liegen die Zahlen?

Suche dir einige Mitspielende.
Alle Mitspielenden markieren zehn Felder auf ihrer Hunderter-Tafel.
Im Bild hat Timo seine Felder rot gefärbt.

Auf einem Stapel liegen verdeckt und vermischt die Zahlenkarten von 1 bis 100.
Reihum ziehen die Mitspielenden eine Zahlenkarte und lesen sie laut vor.
Alle kreuzen die vorgelesenen Zahlen auf ihrer Tafel an.
Wer zuerst fünf markierte Felder ankreuzen kann, hat gewonnen.

1	2	3	4	5	6	7	8	9	10
11	12	13	14	15	16	17	18	19	20
21	22	23	24	25	26	27	28	29	30
31	32	33	34	35	36	37	38	39	40
41	42	43	44	45	46	47	48	49	50
51	52	53	54	55	56	57	58	59	60
61	62	63	64	65	66	67	68	69	70
71	72	73	74	75	76	77	78	79	80
81	82	83	84	85	86	87	88	89	90
91	92	93	94	95	96	97	98	99	100

Knöpfe,
Arbeitsheft

Wie viele Knöpfe sind das?

Wie viele Knöpfe sind auf dem Bild?
Schätze die Anzahl. Schreibe die Zahl auf: ______

Wie bist du auf deine Schätzzahl gekommen?

______

______

Zähle jetzt die Knöpfe. Wie zählst du?

______

______

Wie viele sind es? ______

Nimm eine Hand voll Knöpfe.
Schätze, wie viele es sind.
Schreibe die Zahl auf.
Zähle nach.

Wiederhole das mehrmals
allein oder mit anderen zusammen.

Greife mit beiden Händen Knöpfe.
In welcher Hand hast du mehr?

geschätzt	gezählt

Zeichne oder klebe Knopfbilder
in dein Heft oder dein Zahlenalbum.

Statt Knöpfe kannst du auch andere gut
greif- und zählbare Gegenstände nehmen.
Nimm einen Stapel Zahlenkarten.
Wie viele sind es?

Zehnerwürfel, Abdeckwinkel für das Punktefeld

Welche Zahl ist dargestellt?

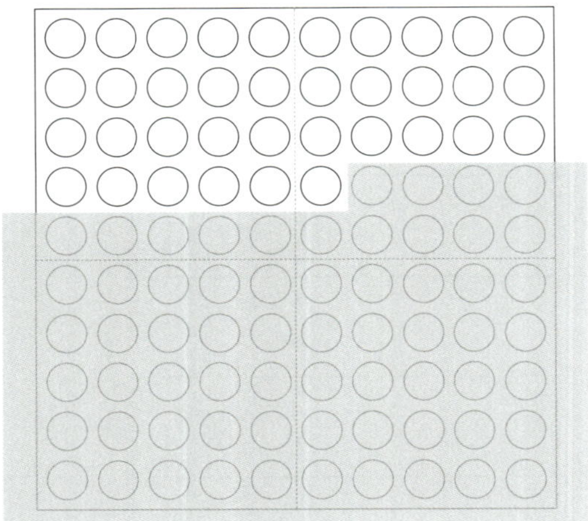

Ein Kind würfelt mit dem Zehnerwürfel
zuerst die Zehner und dann
die Einer einer Zahl und
zeigt sie auf dem Punktefeld.
Das andere Kind schreibt die Zahl auf:
mit Strichen und Punkten und
mit Ziffern wie auf der nächsten Seite.

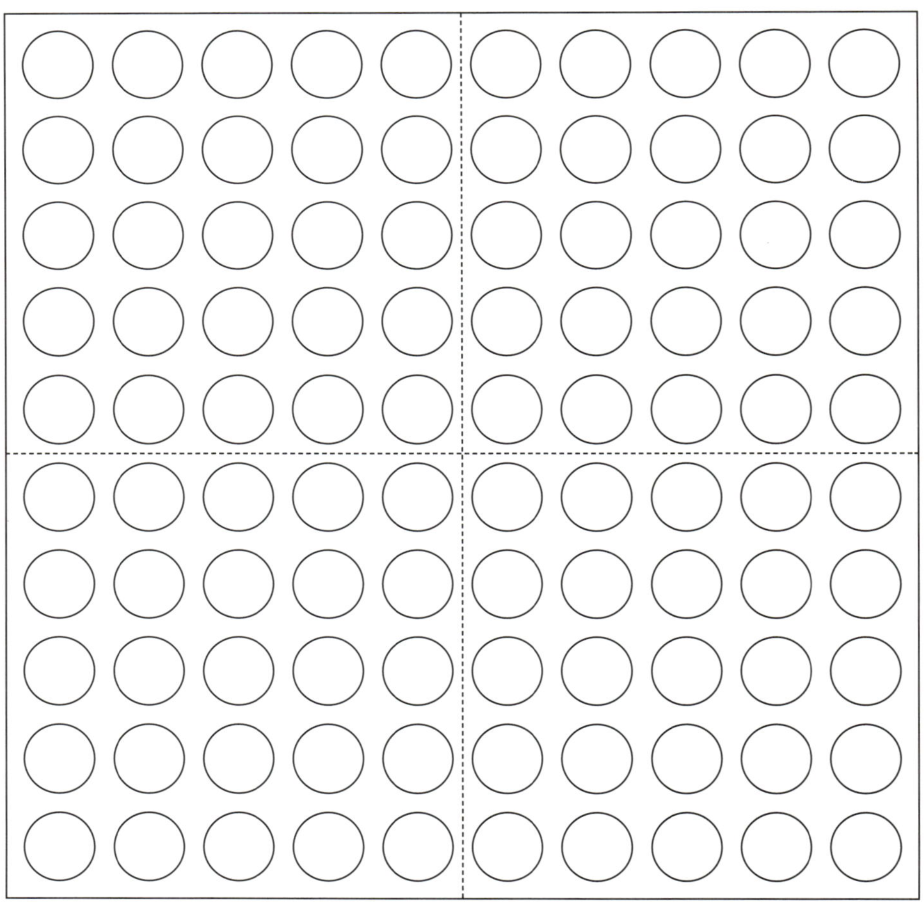

36

42 Karten mit den Einmaleinsergebnissen (aus den Zahlenkarten von 1 bis 100 aussortiert)

Tschau Sepp:
Welche Karten passen?

Ein Spiel für zwei oder mehr Mitspielende
Die Karten werden gemischt. Dann erhalten alle Mitspielenden fünf Karten. Die restlichen Karten kommen verdeckt auf einen Stapel.

Reihum werden Karten abgelegt:

- Das erste Kind legt eine Karte offen in die Mitte (z. B. 24).
- Das nächste Kind darf eine Zahl darauf legen, die zu einer gemeinsamen Reihe gehört (z. B. 18, 64, ...). Wenn das Kind nicht ablegen kann, muss es eine Karte vom Stapel nehmen. Die Einer-Reihe gilt nicht. Es ist sinnvoll, auch die Zweier-Reihe auszuschließen. Wer zuerst alle Karten abgelegt hat, gewinnt.

Varianten:
- Gehören beide Karten zur 7er-Reihe, darf (falls möglich) eine zweite Karte abgelegt werden.
- Gehören beide Karten zur 8er-Reihe, muss anschließend einmal ausgesetzt werden.

Ich kann Zahlen den Reihen zuordnen

2 Zehnerwürfel, Arbeitsheft

Würfel-Slalom: Wie viele Würfe brauchst du bis 101?

Lisa hat mit zwei Würfeln gespielt. Im „Slalom" hat sie die Zahlen addiert oder multipliziert. Mit sieben Würfen ist sie so auf 103 gekommen.

Wurf	1. Zahl	2. Zahl	Summe	Produkt	Total
1	2	10	12		12
2	0	9		0	12
3	4	6	10		22
4	7	3		21	43
5	6	3	9		52
6	9	5		45	97
7	6	0	6		103

Wie oft musst du würfeln, um auf 101 oder mehr zu kommen?
Würfle und schreibe deine Zahlen in dein Heft.

Der Weltrekord im Würfel-Slalom steht bei zwei Würfen.
Wie nahe an diesen Rekord kommst du?
Spiele mit anderen um die Wette.

- Wie kannst du würfeln, um den Rekord einzustellen?
  Suche alle Möglichkeiten.
- Slalomprofis würfeln auch bis zu höheren Zahlen.
  Wo stehen wohl die Rekorde beim Slalom bis 200, 500, 1000?

Ich kann zwischen „plus 0" und „mal 0" unterscheiden

Operationen

Ich kann . . .

Zahlen zerlegen

Zahlen bis 100 in Summanden zerlegen			
Zahlen bis 100 in Faktoren zerlegen			

Operationen mit Handlungen und Situationen verbinden

Anzahlen bündelnd und gliedernd berechnen			
Mengen aufteilen und verteilen			
Rechengeschichten spielen, zeichnen oder schreiben			

Rechengesetze formulieren und als Rechenhilfe verwenden

schrittweise addieren			
schrittweise subtrahieren			
Rechenwege schriftlich festhalten			
Grundoperationen miteinander verbinden			

Operationen sicher ausführen

Zahlen im Kopf addieren			
Zahlen im Kopf subtrahieren			
über das Einmaleins geläufig verfügen			
Rechnungen durch Zerlegen auf einfachere zurückführen			

Operationen in Zusammenhängen erkennen und anwenden

Grundoperationen erkennen und ausführen			

Knöpfe (Münzen, Plättchen), Arbeitsheft, Schere, Klebstoff

Wie kannst du Anzahlen geschickt erfassen?

Nimm eine Hand voll Knöpfe.
Lege sie so, dass du sie leicht zählen kannst.
Zeichne deine Anordnung in dein Heft oder in dein Zahlenalbum.
Schreibe Rechnungen dazu.
Beispiel: Für elf Knöpfe könnte das so aussehen.

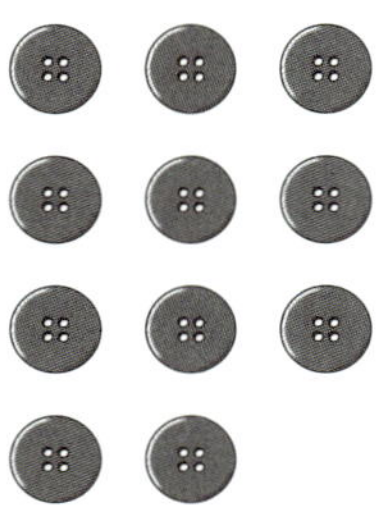

$3 + 3 + 3 + 2 = 11$

$3 \cdot 3 + 2 = 11$

$2 + 2 + 2 + 2 + 2 + 1 = 11$

$5 \cdot 2 + 1 = 11$

Findest du noch andere Anordnungen und Rechnungen für elf Knöpfe?
Zeichne und schreibe sie in dein Heft oder in dein Zahlenalbum.
Welche davon gefällt dir am besten?

Punktefelder
Wie viele Punkte sind auf der nächsten Seite?
Unterteile sie mit Bleistift und Lineal in Teilfelder, die du leicht berechnen kannst.
Tausche deine Rechnung mit anderen aus.
Lass dir eine Kopie von der Seite machen und zerschneide das große Punktefeld in Teile.
Klebe die Teile in dein Heft oder in dein Zahlenalbum.
Schreibe deine Rechnungen dazu.

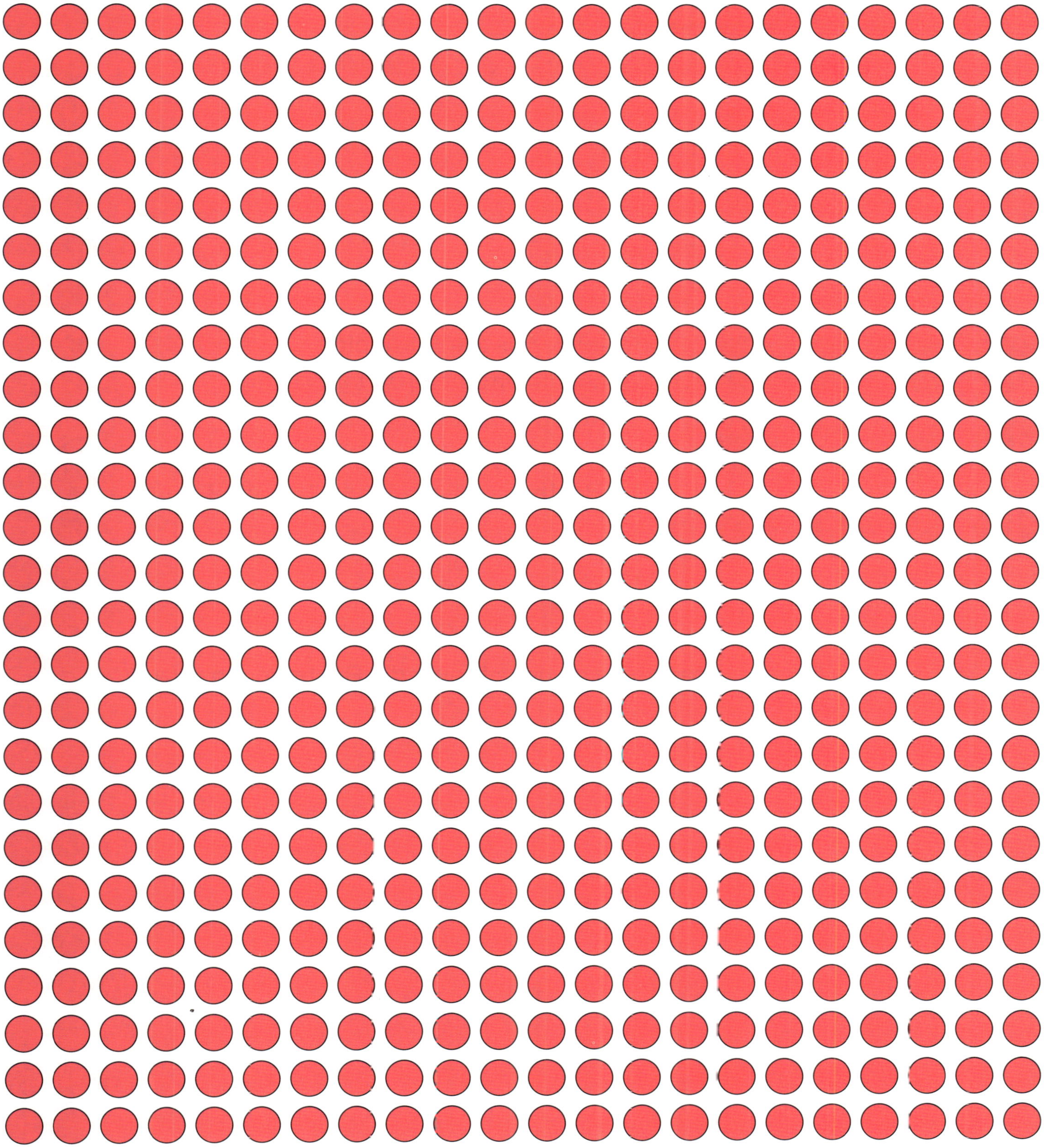

Meine Rechnung:

Knöpfe,
Karopapier,
Klebstoff

Zu welchen Zahlen gibt es passende Rechtecke?

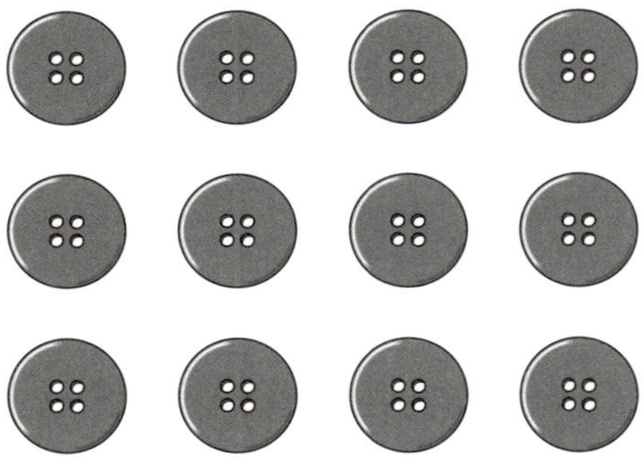

Beispiel: Aus zwölf Knöpfen kannst du ein Rechteck legen, drei Knöpfe übereinander und vier Knöpfe nebeneinander. Die Rechnung dazu lautet: $12 = 4 \cdot 3$.

Es gibt noch andere Rechtecke aus zwölf Knöpfen.
Lege sie, zeichne sie und schreibe die Rechnungen dazu.

Vergleiche mit anderen.
Habt ihr alle Möglichkeiten gefunden?

Statt Rechtecke aus Knöpfen zu zeichnen,
kannst du welche aus Karopapier ausschneiden.

Beispiel zu 5 • 4 = 20

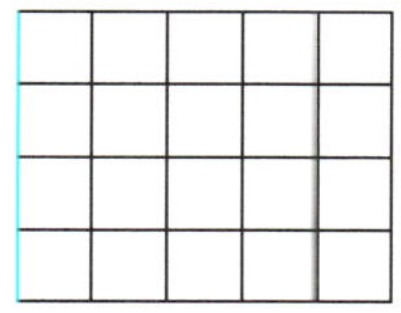

Schneide weitere Rechtecke aus und klebe sie hier ein.

Für welche Zahlen bis 100
gibt es die meisten verschiedenen Rechtecke?

Karopapier, Karteikarten, Klebstoff

Einmaleins-Lernkartei:

Welche Malrechnungen kennst du schon?

In die Felder der Tabelle
gehören Malrechnungen.
Welche kennst du schon?
Schreibe sie in die passenden Felder.

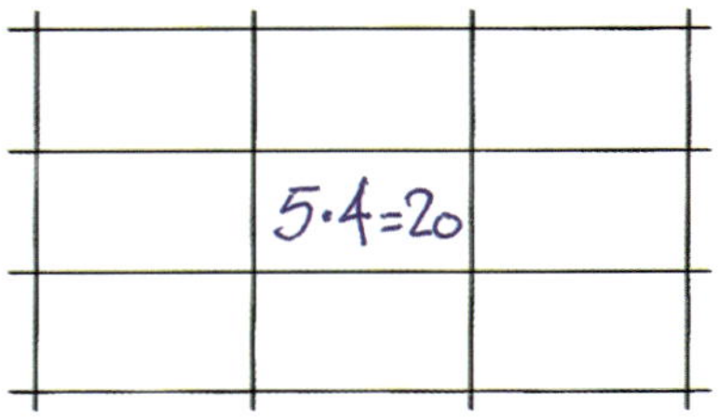

Schau nach, welche Zahlen
du in deinem Lernbuch, Heft oder Zahlenalbum
bereits als Rechtecke dargestellt hast.
Zu jeder dieser Zahlen gehören Malrechnungen.
Schreibe sie in die Tabelle auf der nächsten Seite
und vergleiche mit anderen Kindern.

So kannst du dir eine Einmaleins-Lernkartei anlegen:

5 · 6

30

Beispiel
Vorderseite

Schreibe auf die Vorderseite einer Karteikarte
klein die Rechnung und groß das Ergebnis.

Klebe auf die Rückseite
ein Rechteck aus Karopapier
oder zeichne ein Bild,
das zu der Rechnung passt.

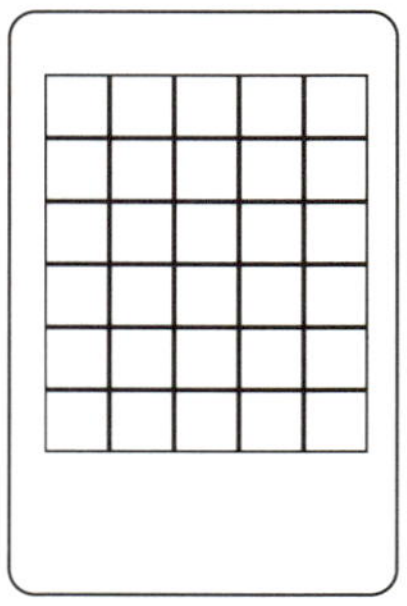

Beispiel
Rückseite

·	0	1	2	3	4	5	6	7	8	9	10
0											
1											
2											
3											
4											
5											
6											
7											
8											
9											
10											

Zahlenkarten von 1 bis 100

Welche Zerlegungen erkennst du?

Ziehe eine Zahlenkarte.
Schreibe alle Zerlegungen auf,
die du auf den Zahlenbändern auf der nächsten Seite ablesen kannst.

Beispiel:
Du hast die Zahl 20 gezogen.
Von den Zahlenbändern kannst du ablesen:

$20 = 20 \cdot 1$	$20 = 10 \cdot 2$	$20 = 6 \cdot 3 + 2$	$20 = 5 \cdot 4$	$20 = 4 \cdot 5$
$20 = 3 \cdot 6 + 2$	$20 = 2 \cdot 7 + 6$	$20 = 2 \cdot 8 + 4$	$20 = 2 \cdot 9 + 2$	$20 = 2 \cdot 10$

Reihe

1er	0	1	2	3	4	5	6	7	8	9	10	11	12	13	14	15	16	17	18	19	20	21	22	23	24	25	26	27	28	29	30	31	32	33	34	35	36	37	38	39	40	41	42	43	44	45	46	47	48	49	50
2er	0		2		4		6		8		10		12		14		16		18		20		22		24		26		28		30		32		34		36		38		40		42		44		46		48		50
3er	0			3			6			9			12			15			18			21			24			27			30			33			36			39			42			45			48		
4er	0				4				8				12				16				20				24				28				32				36				40				44				48		
5er	0					5					10					15					20					25					30					35					40					45					50
6er	0						6						12						18						24						30						36						42						48		
7er	0							7							14							21							28							35							42							49	
8er	0								8								16								24								32								40								48		
9er	0									9									18									27									36									45					
10er	0										10										20										30										40										50

1er	51	52	53	54	55	56	57	58	59	60	61	62	63	64	65	66	67	68	69	70	71	72	73	74	75	76	77	78	79	80	81	82	83	84	85	86	87	88	89	90	91	92	93	94	95	96	97	98	99	100
2er		52		54		56		58		60		62		64		66		68		70		72		74		76		78		80		82		84		86		88		90		92		94		96		98		100
3er	51			54			57			60			63			66			69			72			75			78			81			84			87			90			93			96			99	
4er		52				56				60				64				68				72				76				80				84				88				92				96				100
5er					55					60					65					70					75					80					85					90					95					100
6er				54						60						66						72						78						84						90						96				
7er						56							63							70							77							84							91							98		
8er						56								64								72								80								88								96				
9er				54									63									72									81									90									99	
10er										60										70										80										90										100

Ich kann Zahlen in Summanden und Faktoren zerlegen

Kataloge,
Schere,
Klebstoff

Welche Sachen kannst du mit Malrechnungen zählen?

Wenn du dich umschaust,
findest du Sachen, die du
mit einer Malrechnung zählen kannst.

Beispiel 1:
In der Kiste sind
$3 \cdot 4 = 12$ Flaschen Wasser.

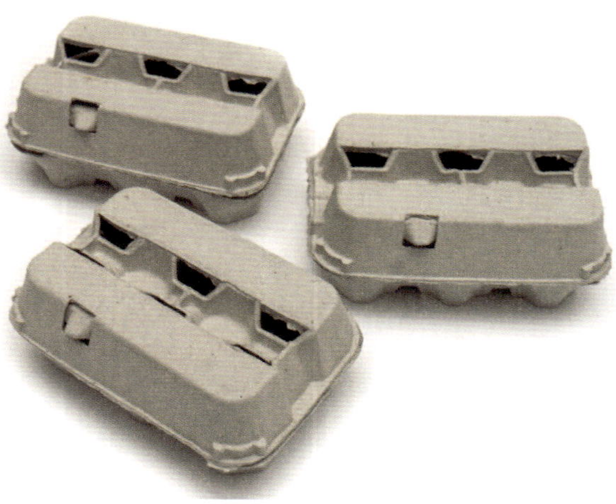

Beispiel 2:
In jedem Karton sind sechs Eier.
Zusammen sind das $6 \cdot 3 = 18$ Eier

Beispiel 3:
Auf gelbe Klebepunkte
zeichnet Marit lachende Gesichter
und klebt sie in ihr Arbeitsheft,
wenn ihr etwas gut gefällt.
Wie viele waren auf dem Bogen?

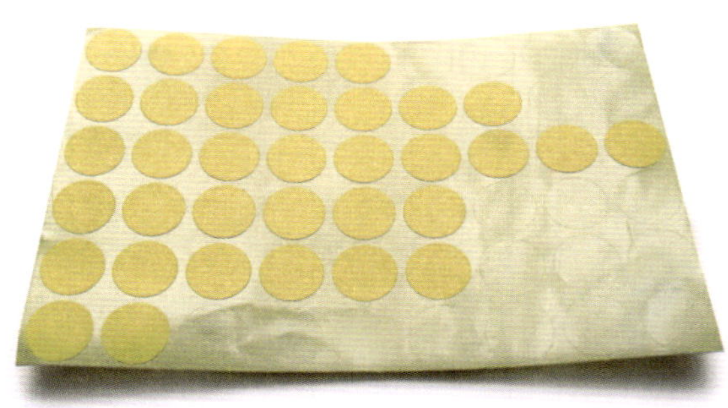

Suche weitere Beispiele.
Zeichne sie oder klebe sie auf und schreibe die Rechnung dazu.
Vergleiche deine Beispiele mit denen anderer Kinder.

Stempel

Wie viele Tiere sind es?

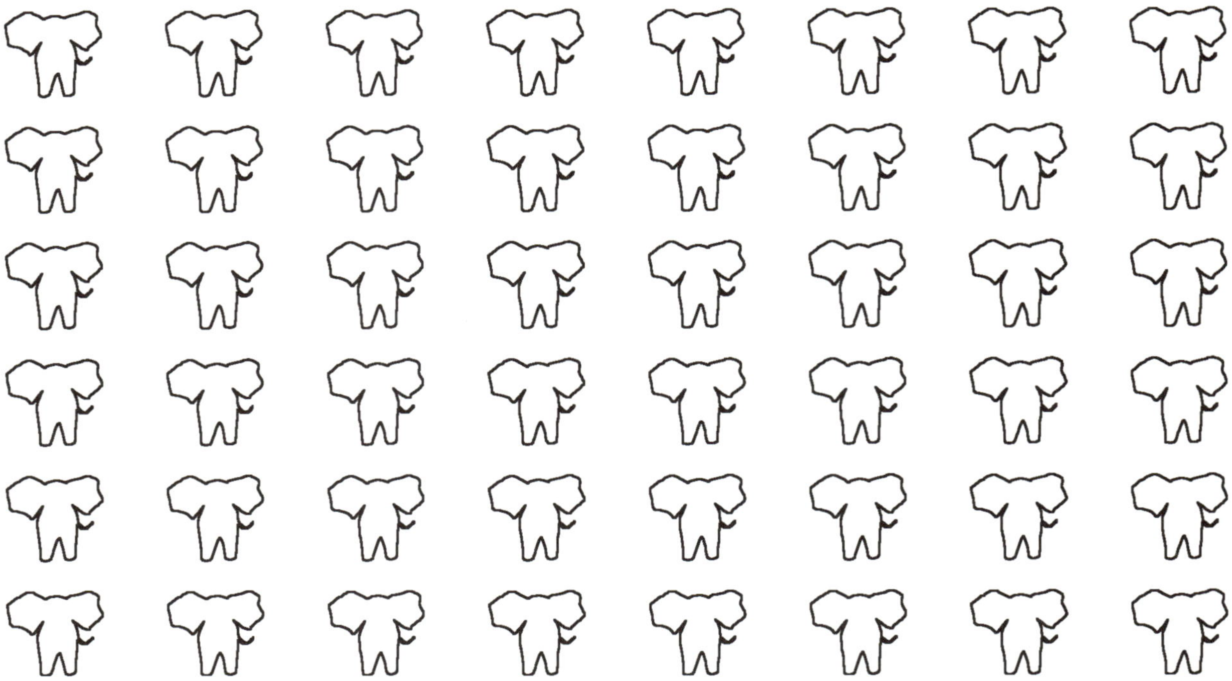

Schätze, wie viele Elefanten hier gezeichnet sind.

Schreibe deine Schätzung auf: ______________

Findest du verschiedene Rechnungen, die zur genauen Anzahl führen?
Schreibe sie auf.

Vergleiche deine Rechnungen mit denen anderer Kinder.
Welche ist für dich die einfachste?

Wie viele Katzen sind hier?
Wie rechnest du?

Mit Stempeln
kannst du eigene
Zählblätter machen.

Tausche sie mit anderen aus.

Wie kannst du etwas gerecht verteilen?

Wie viele Schokoladenstücke bekommt jedes Kind, wie viele bleiben übrig, wenn es 1, 2, 3, . . . Kinder sind?

Führe die Tabelle fort:

Anzahl Kinder	Schokoladen-stücke pro Kind	Rest	Rechnung	Kontrolle
1	15	0	15 : 1 = 15	15 · 1 = 15
2	7	1	15 : 2 = 7 Rest 1	2 · 7 + 1 = 15
3	5	0	15 : 3 = 5	5 · 3 = 15

Suche andere Dinge, die du verteilen kannst.
Schreibe deine Rechnungen auch in Tabellen.

Welche Geschichten und Bilder passen zu einer Rechnung?

ich habe 11 äpfel in einem Baum
gesehen nekten tag war es nur 3
wieviel äpfl fehlen ?

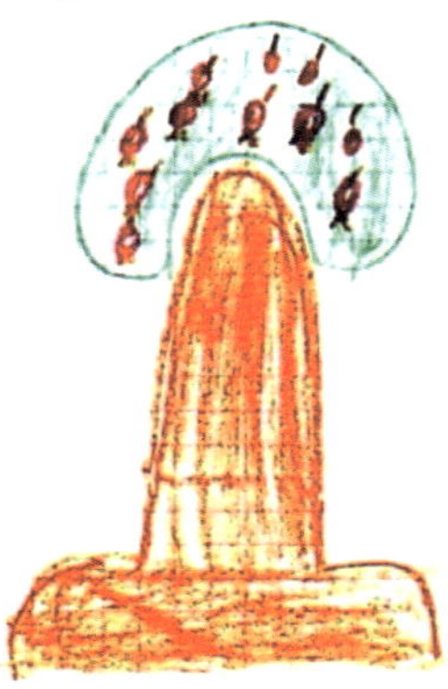

Gülüzan hat eine Geschichte zu einer Rechnung geschrieben und gezeichnet. Gülüzan kann noch nicht so gut schreiben, dafür gut zeichnen und rechnen.

Schreibe die Geschichte zur Zeichnung von Gülüzan neu und vergleiche mit anderen.

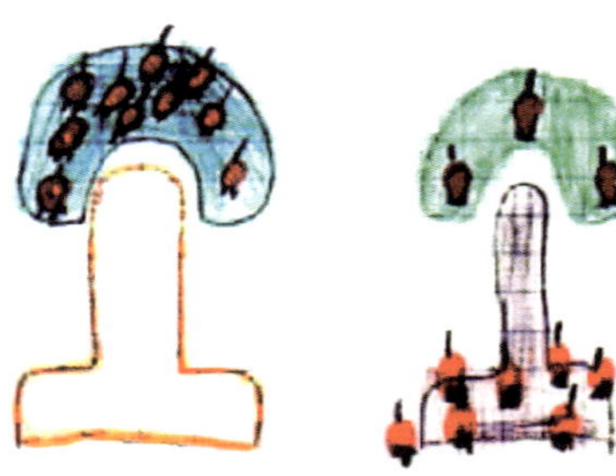

10 – 7 =

Erfinde eigene Geschichten zu Rechnungen.
Schreibe sie auf und zeichne sie.
Tausche sie mit anderen aus.

Ich kann Rechengeschichten spielen, zeichnen oder schreiben

2 Zehnerwürfel

Wie heißt die Rechnung des Einspluseins?

Das ist die Tabelle des Zehner-Einspluseins:

+	**0**	**10**	**20**	**30**	**40**	**50**	**60**	**70**	**80**	**90**	**100**
0	0	10	20	30	40	50	60	70	80	90	100
10	10	20	30	40	50	60	70	80	90	100	110
20	20	30	40	50	60	70	80	90	100	110	120
30	30	40	50	60	70	80	90	100	110	120	130
40	40	50	60	70	80	90	100	110	120	130	140
50	50	60	70	80	90	100	110	120	130	140	150
60	60	70	80	90	100	110	120	130	140	150	160
70	70	80	90	100	110	120	130	140	150	160	170
80	80	90	100	110	120	130	140	150	160	170	180
90	90	100	110	120	130	140	150	160	170	180	190
100	100	110	120	130	140	150	160	170	180	190	200

Erkennst du darin die Aufgaben des Einspluseins?

Würfle mit zwei Zehnerwürfeln und suche die passende Aufgabe in der Tabelle.

Beispiel: Du hast 8 und 7 gewürfelt.
Zur Aufgabe 8 + 7 = 15
passt in der Tabelle 80 + 70 = 150

Suche solche Aufgaben-Paare. Schreibe sie auf.

Wie sieht wohl eine Tabelle für ein Hunderter-Einspluseins aus?

Arbeitsheft,
Zahlenkarten

Wie kannst du schrittweise addieren?

Zweistellige Zahlen kannst du in zwei Schritten addieren:
Zum Beispiel zuerst die Zehner, dann die Einer dazu.
So werden aus jeder Addition Rechnungen des Einspluseins.

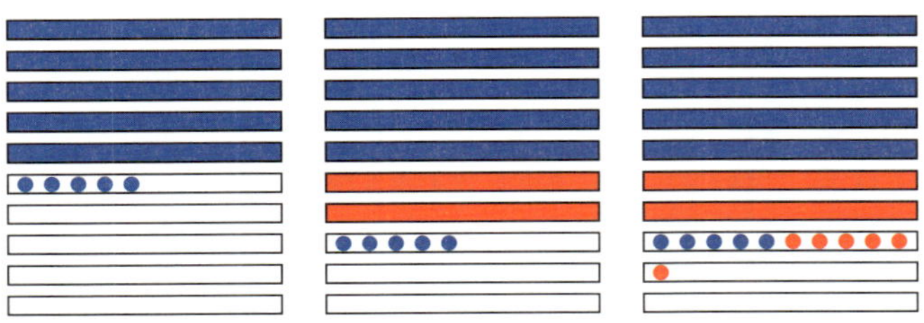

55 + 26 = ?

55 + 20 = 75
50 + 20 = 70

75 + 6 = 81
5 + 6 = 11

Beispiel: 55 + 26
Im Rechenschritt 55 + 20
steckt die Rechnung des
Zehner-Einspluseins 50 + 20 = 70

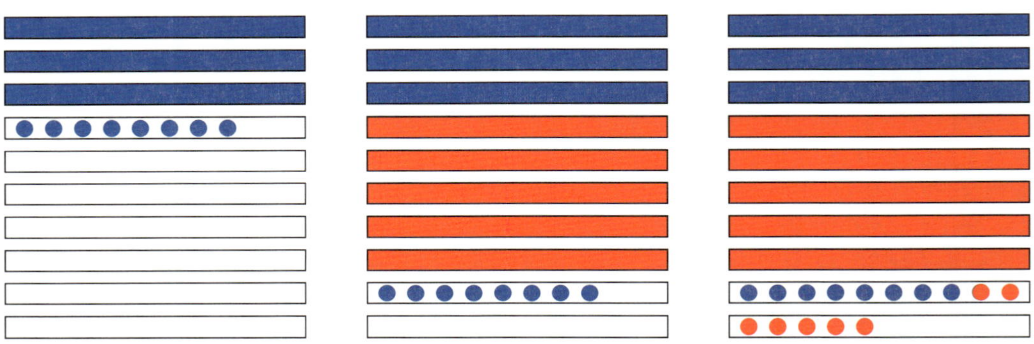

Welche Rechnung ist hier dargestellt?

Wie heißen die passenden Aufgaben des Einspluseins?

Noch ein Beispiel:

Aufgabe	36 + 19 = ?	Schritte:	36 + 10 = 46	46 + 9 = **55**
		Einspluseins dazu:	30 + 10 = 40	6 + 9 = 15

Rechne schrittweise.

Welche Aufgaben des Einspluseins stecken in den Schritten?

Aufgabe	52 + 39 = ?	Schritte:		
		Einspluseins dazu:		
Aufgabe	79 + 22 = ?	Schritte:		
		Einspluseins dazu:		
Aufgabe	48 + 45 = ?	Schritte:		
		Einspluseins dazu:		
Aufgabe	83 + 58 = ?	Schritte:		
		Einspluseins dazu:		

Ziehe immer zwei Zahlenkarten.
Schreibe die passende Rechnung
und die Schritte dazu in dein Arbeitsheft.

Tausche deine Rechnungen mit anderen aus.

Findest du Rechnungen mit noch größeren Zahlen,
die du mit Hilfe von Einspluseinsaufgaben rechnen kannst?

Kannst du mehr als drei Zahlen addieren?

Schreibe die Rechnungen auf und vergleiche mit anderen.

Arbeitsheft, Zahlenkarten

Wie kannst du schrittweise subtrahieren?

Zweistellige Zahlen kannst du in zwei Schritten subtrahieren:
Zum Beispiel zuerst die Zehner, dann die Einer weg.
So werden aus jeder Subtraktion Rechnungen des Einsminuseins.

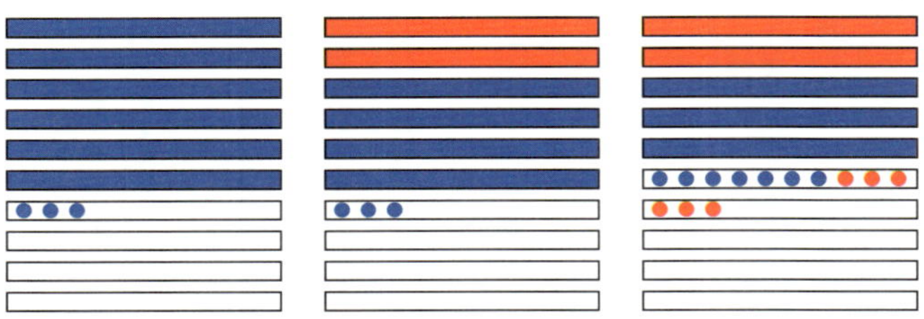

63 – 26 = ?

63 – 20 = 43
60 – 20 = 40

43 – 6 = 37
13 – 6 = 7

Beispiel: 63 – 26
Im Rechenschritt 63 – 20 = 43
steckt die Rechnung des
Zehner-Einsminuseins 60 – 20 = 40

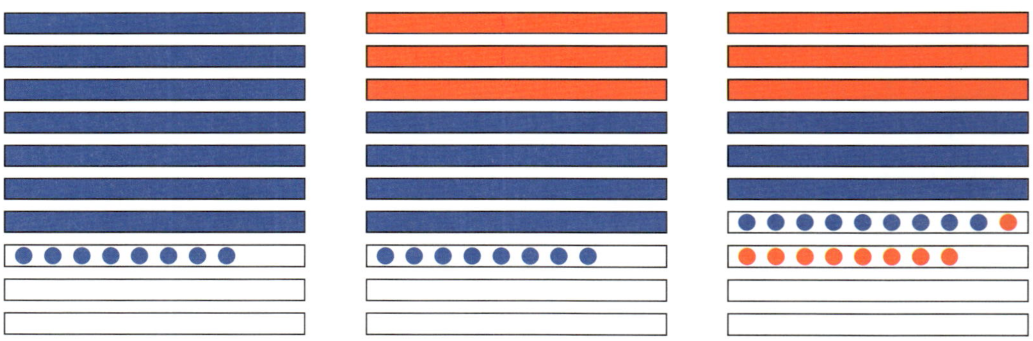

Welche Rechnung ist hier dargestellt?

Wie heißen die passenden Aufgaben des Einsminuseins?

Noch ein Beispiel:

Aufgabe	92 – 56 = ?	Schritte:	92 – 50 = 42	42 – 6 = **36**
		Einsminuseins dazu:	90 – 50 = 40	12 – 6 = 6

Rechne schrittweise.

Welche Aufgaben des Einsminuseins stecken in den Schritten?

Aufgabe	79 – 42 = ?	Schritte:		
		Einsminuseins dazu:		
Aufgabe	81 – 76 = ?	Schritte:		
		Einsminuseins dazu:		
Aufgabe	94 – 65 = ?	Schritte:		
		Einsminuseins dazu:		
Aufgabe	141 – 56 = ?	Schritte:		
		Einsminuseins dazu		

Ziehe immer zwei Zahlenkarten.
Schreibe die passende Rechnung
und die Schritte dazu in dein Arbeitsheft.

Tausche deine Rechnungen mit anderen aus.

Findest du Rechnungen mit noch größeren Zahlen,
die du mit Hilfe von Einsminuseinsaufgaben rechnen kannst?
Schreibe sie auf und vergleiche mit anderen.

§ Arbeitsheft

Auf welchen Wegen rechnest du sicher?

46 + 39 kannst du auf verschiedenen Wegen rechnen.

Hier sind drei Beispiele:

46 + 39	46 + 39	46 + 39
46 + 30 = 76	40 + 30 = 70	46 + 4 = 50
76 + 9 = **85**	6 + 9 = 15	50 + 5 = 55
	70 + 15 = **85**	55 + 30 = **85**

Wie ist gerechnet worden?
Rechne 45 + 27 auf die gleiche Weise.

45 + 27	45 + 27	45 + 27
______	______	______
______	______	______
______	______	______
______	______	______

Würdest du einen anderen Weg wählen?
Welcher Weg ist für dich der einfachste?

Rechne auf dem für dich sichersten Weg:

58 + 26
73 + 19
14 + 77

Vergleiche deinen Weg mit anderen.

Auch 46 – 39 kannst du auf verschiedenen Wegen rechnen.

Hier sind drei Beispiele:

46 – 39	46 – 39	46 – 39
46 – 30 = 16	46 – 30 = 16	39 + 1 = 40
16 – 9 = **7**	16 – 6 = 10	40 + 6 = 46
	10 – 3 = **7**	1 + 6 = **7**

Wie ist gerechnet worden?
Rechne 45 – 27 auf die gleiche Weise.

45 – 27	45 – 27	45 – 27

Würdest du einen anderen Weg wählen?
Welcher Weg ist für dich der einfachste?

Rechne auf dem für dich sichersten Weg:

56 – 28
73 – 69
74 – 17

Vergleiche deinen Weg mit anderen.

Ich kann Rechenwege schriftlich festhalten

Arbeitsheft

Wie kannst du Rechnungen kontrollieren?

Addieren und subtrahieren
kannst du auf verschiedenen Wegen.

Hier findest du je zwei Wege zu 27 + 38 und zu 42 – 18.

Beispiele zu 27 + 38:

20 + 30 = 50	27 + 30 = 57
7 + 8 = 15	57 + 8 = **65**
50 + 15 = **65**	

Andere Wege, dein Weg?

Beispiele zu 42 – 18:

42 – 10 = 32	42 – 20 = 22
32 – 2 = 30	22 + 2 = **24**
30 – 6 = **24**	

Andere Wege, dein Weg?

Mit verschiedenen Wegen
kannst du dich selbst kontrollieren.

Bekommst du auf den verschiedenen Wegen
jeweils dasselbe Ergebnis?
Wenn nicht, versuche den Fehler zu erkennen.
Lass dir, wenn nötig, dabei helfen.

Rechne eigene Beispiele auf verschiedenen Wegen.
Schreibe immer auf, wie du rechnest.

Ich kann Rechenwege schriftlich festhalten

Arbeitsheft

Welche Verwandtschaften gibt es zwischen Rechnungen?

15 + 6 = ____

65 + 6 = ____

25 + 16 = ____

5 + 6 = ____

45 + 36 = ____

Das ist eine „Rechen-Familie“.
Von einer Rechnung stammen alle ab.
Welche ist es?
Rahme sie ein.
Wie sind die Rechnungen „verwandt“?

Die Familie hat noch mehr Mitglieder. Schreibe sie auf.

25 – 6 = ____

65 – 6 = ____

= ____

75 – 46 = ____

45 – 36 = ____

Auch diese Rechnungen bilden eine Familie.
Die Stamm-Rechnung fehlt.
Wie lautet sie?
Erweitere auch diese Familie.

Jetzt weißt du, was Rechen-Familien sind.
Schreibe eigene auf und tausche sie mit anderen aus.

Was bedeuten die Farben der Einmaleins-Tabelle?

Wie im Einspluseins gibt es
auch im Einmaleins Rechenfamilien.
In der Tabelle sind sie an ihren Farben erkennbar.

·	0	1	2	3	4	5	6	7	8	9	10
0											
1											
2											
3											
4											
5											
6											
7											
8											
9											
10											

Schreibe die Rechnungen
der Familien grau, grün, gelb, blau und rot auf.

Schreibe dazu, was die Rechnungen
einer Familie gemeinsam haben.
Welche Rechnungen gehören zu mehreren Familien?

Was hast du herausgefunden? Vergleiche mit anderen.

Familie grau

Familie grün

Familie gelb

Familie blau

Familie rot

Wie hängen die Rechnungen des Einmaleins zusammen?

Die eingefärbten Rechnungen heißen „Königsaufgaben" des Einmaleins.

·	0	1	2	3	4	5	6	7	8	9	10
0	0 · 0 0	0 · 1 0	0 · 2 0	0 · 3 0	0 · 4 0	0 · 5 0	0 · 6 0	0 · 7 0	0 · 8 0	0 · 9 0	0 · 10 0
1	1 · 0 0	1 · 1 1	1 · 2 2	1 · 3 3	1 · 4 4	1 · 5 5	1 · 6 6	1 · 7 7	1 · 8 8	1 · 9 9	1 · 10 10
2	2 · 0 0	2 · 1 2	2 · 2 4	2 · 3 6	2 · 4 8	2 · 5 10	2 · 6 12	2 · 7 14	2 · 8 16	2 · 9 18	2 · 10 20
3	3 · 0 0	3 · 1 3	3 · 2 6	3 · 3 9	3 · 4 12	3 · 5 15	3 · 6 18	3 · 7 21	3 · 8 24	3 · 9 27	3 · 10 30
4	4 · 0 0	4 · 1 4	4 · 2 8	4 · 3 12	4 · 4 16	4 · 5 20	4 · 6 24	4 · 7 28	4 · 8 32	4 · 9 36	4 · 10 40
5	5 · 0 0	5 · 1 5	5 · 2 10	5 · 3 15	5 · 4 20	5 · 5 25	5 · 6 30	5 · 7 35	5 · 8 40	5 · 9 45	5 · 10 50
6	6 · 0 0	6 · 1 6	6 · 2 12	6 · 3 18	6 · 4 24	6 · 5 30	6 · 6 36	6 · 7 42	6 · 8 48	6 · 9 54	6 · 10 60
7	7 · 0 0	7 · 1 7	7 · 2 14	7 · 3 21	7 · 4 28	7 · 5 35	7 · 6 42	7 · 7 49	7 · 8 56	7 · 9 63	7 · 10 70
8	8 · 0 0	8 · 1 8	8 · 2 16	8 · 3 24	8 · 4 32	8 · 5 40	8 · 6 48	8 · 7 56	8 · 8 64	8 · 9 72	8 · 10 80
9	9 · 0 0	9 · 1 9	9 · 2 18	9 · 3 27	9 · 4 36	9 · 5 45	9 · 6 54	9 · 7 63	9 · 8 72	9 · 9 81	9 · 10 90
10	10 · 0 0	10 · 1 10	10 · 2 20	10 · 3 30	10 · 4 40	10 · 5 50	10 · 6 60	10 · 7 70	10 · 8 80	10 · 9 90	10 · 10 100

Alle anderen Rechnungen (die „weißen") haben Königsaufgaben als Nachbarn.

Beispiel: $8 \cdot 7 = 56$ hat die „Königsnachbarn"

$7 \cdot 7 = 49$ damit ist $8 \cdot 7 = 7 \cdot 7 + 7 = 49 + 7 = 56$

und $8 \cdot 8 = 64$ damit ist $8 \cdot 7 = 8 \cdot 8 - 8 = 64 - 8 = 56$

Verbinde weitere „weiße“ Aufgaben mit „farbigen“.
Schreibe diese Verbindungen auf.
Vergleiche deine Rechnungen mit anderen.

Wie findest du Divisionen in der Einmaleins-Tabelle?

Hier ist ein Ausschnitt aus der Einmaleins-Tabelle.
Die Zahl 12 kommt darin viermal vor.

·	0	1	2	3	4	5	6
0	0	0	0	0	0	0	0
1	0	1	2	3	4	5	6
2	0	2	4	6	8	10	12
3	0	3	6	9	12	15	18
4	0	4	8	12	16	20	24
5	0	5	10	15	20	25	30
6	0	6	12	18	24	30	36

Die Zahlen 2, 3, 4 und 6 am Rand sind Teiler von 12.
Aus der Tabelle kannst du die folgenden Rechnungen ablesen:

$12 : 2 = 6$ denn $6 \cdot 2 = 12$
$12 : 3 = 4$ denn $4 \cdot 3 = 12$
$12 : 4 = 3$ denn $3 \cdot 4 = 12$
$12 : 6 = 2$ denn $2 \cdot 6 = 12$

Wähle andere Zahlen aus der Tabelle aus
und schreibe die Rechnungen wie im Beispiel auf S. 64 dazu.
Vergleiche sie mit denen anderer Kinder.

·	0	1	2	3	4	5	6	7	8	9	10
0	0	0	0	0	0	0	0	0	0	0	0
1	0	1	2	3	4	5	6	7	8	9	10
2	0	2	4	6	8	10	12	14	16	18	20
3	0	3	6	9	12	15	18	21	24	27	30
4	0	4	8	12	16	20	24	28	32	36	40
5	0	5	10	15	20	25	30	35	40	45	50
6	0	6	12	18	24	30	36	42	48	54	60
7	0	7	14	21	28	35	42	49	56	63	70
8	0	8	16	24	32	40	48	56	64	72	80
9	0	9	18	27	36	45	54	63	72	81	90
10	0	10	20	30	40	50	60	70	80	90	100

Rechenpyramiden:
Welche Zahlen fehlen?

Rechenpyramiden sind nach einem einfachen Muster „gebaut“: Auf zwei Steinen liegt jeweils der Summenstein.

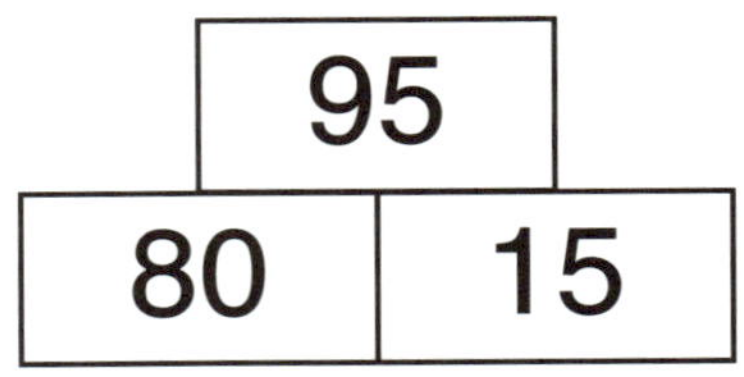

Neu gebaut werden Pyramiden von unten nach oben.

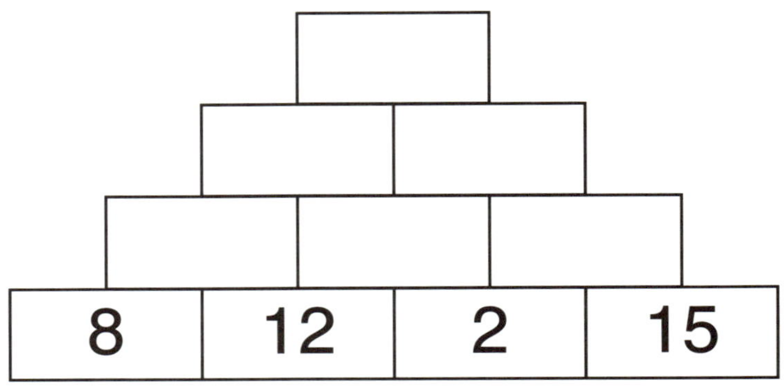

Spannender ist es, Pyramiden zu ergänzen, wenn bereits bekannte Steine auf verschiedene Stockwerke verteilt sind.

Auf der nächsten Seite kannst du selbst „Baumeister“ spielen.
In deinem Arbeitsheft hast du auch Platz für noch größere Pyramiden.

	25		22	
13		18	11	

28				
	15		22	
12			15	

100				

69				
	15		21	
	12		16	

	50			

50		50		

Zahlenkarten
bis 100

Welche Rechnungen findest du schwierig?

Wähle immer zwei Zahlenkarten aus.
Addiere die beiden Zahlen,
bilde ihre Differenz.

Beispiel
28, 54
28 + 54 = 82
54 – 28 = 26

Schreibe deine Rechnungen in eine der beiden Spalten:

Rechnungen, die mir leicht fallen:	Rechnungen, die für mich schwierig sind:

leicht	schwierig

Überlege dir, weshalb bestimmte Rechnungen
für dich schwierig sind.

Vergleiche deine schwierigen Aufgaben mit anderen.
Wie rechnen sie? Haben sie gleiche Probleme?

Lass dir helfen, wenn es nötig ist.

Ich kann Rechnungen durch Zerlegen auf einfachere zurückführen

Welche Pfeile gehören zu den Rechnungen?

	12								
					36				
	42		44						
								59	
					66				
			74						
								89	

Immer plus 30

Im Beispiel ist immer „plus 30“ gerechnet worden.

Rechne und trage die Ergebnisse in die richtigen Felder ein.

Die Pfeile dienen zur Kontrolle: Wenn du richtig gerechnet hast, sehen alle Pfeile gleich aus.

					36				
	42								
		63					68		
				75					
								89	

Immer minus 20

					6				
			14						
41									
						57			
	72								
				85					

Immer plus 4

Auf der nächsten Seite sind vier weitere Aufgaben.
Trage in die leeren Gitter selbst Zahlen ein und schreibe einen Operator dazu.
Tausche deine Aufgaben mit anderen.
Welche Operatoren sind möglich ohne die Gitter zu verlassen?

					16				
	22								
		43					48		
				55					
								69	

Immer plus 20

					26				
							38		
								49	
				55					
						77			
			84						

Immer minus 3

					16				
	22								
		43							
				65					
							78		
	82								

Immer plus 11

	12								
					26				
								49	
		53							
			74						
						97			

Immer minus 9

Welche Rechnung ist die einfachste?

Das ist ein Beispiel eines „Streich-Quadrates“

~~22~~	(13)	~~34~~	~~18~~
(18)	~~9~~	~~30~~	~~14~~
~~27~~	~~18~~	(39)	~~23~~
14	5	26	(10)

18 + 13 + 39 + 10 = 80

Wählst du aus jeder Zeile und jeder Spalte genau eine Zahl aus, so ist die Summe dieser Zahlen immer gleich groß.
So kannst du die Auswahl treffen:

- Du beginnst mit einer beliebigen Zahl (18) und streichst alle Zahlen, die in derselben Zeile und derselben Spalte wie diese Zahl stehen.
- Dann wählst du von den übrigen Zahlen wieder eine aus (13) und streichst Zeile und Spalte –
- – bis nur noch eine Zahl übrig bleibt (10).

Wähle selbst Zahlen aus und bilde die Summe.
Wähle die Zahlen so, dass die Rechung für dich möglichst einfach wird.
Die folgenden Zahlen-Quadrate sind alle „Streich-Quadrate“.
Wie groß sind ihre „Streich-Summen“? Rechne möglichst geschickt.

23	15	24	16
19	11	20	12
27	19	28	20
16	8	17	9

21	24	20	39
14	17	13	32
10	13	9	28
7	10	6	25

12	25	9	40
16	29	13	44
20	33	17	48
10	23	7	38

27	24	22	45
28	25	23	46
20	17	15	38
16	13	11	34

Vergleiche deine Rechnungen mit anderen.

Entdecke das Geheimnis der Streichquadrate:
Vergleiche dazu die Spalten miteinander. Vergleiche auch die Zeilen.
Was stellst du fest?

Erfinde eigene Streichquadrate. Gib sie anderen zum Überprüfen.

2 Spiel- oder Zehnerwürfel

Himmel und Hölle: Welche Zahlen sind in der Hölle?

Würfelt mit zwei Würfeln.
Nach jedem Wurf werden die beiden oben liegenden Augenzahlen als Zehnerzahlen („Himmel") und die unten liegenden Zahlen als Einer („Hölle") addiert.

Beispiel: oben 2 und 1, also 20 + 10 = 30
unten 5 und 6, also 5 + 6 = 11, insgesamt 30 + 11 = 41

Wer die größte Zahl erreicht, bekommt einen Punkt.

Welches sind die größten, welches die kleinsten Zahlen, die man mit einem Wurf erzielen kann?

Varianten:

- Statt mit gewöhnlichen Würfeln wird mit Zehnerwürfeln gespielt.
- Es wird über mehrere Runden gespielt. Die Teilergebnisse werden aufgeschrieben und fortlaufend im Arbeitsheft addiert. Es gewinnt, wer nach einer festgesetzten Rundenzahl die größte Punktsumme hat oder wer zuerst eine festgesetzte Punktsumme erreicht.
- Es wird von einer Anfangszahl rückwärts gerechnet. Wer zuerst auf Null kommt, gewinnt.

Spielkarten, Zahlenkarten bis 100

Kartenpaare:
Welches Produkt, welche Summe ist größer?

Ein Partnerspiel
Ihr verteilt die Spielkarten auf zwei gleich hohe Stapel. Von beiden nehmt ihr je eine Karte und deckt sie gemeinsam auf.

Wer das größere Produkt hat, bekommt die Karten.

Bei gleichem Produkt werden die Karten beiseite gelegt und dem nächsten Stich zugeschlagen.

Das Spiel ist zu Ende, wenn die Stapel aufgebraucht sind. Wer dann mehr Karten hat, gewinnt.

Mit den Zahlenkarten bis 100 könnt ihr statt der Produkte die Summen der Zahlen auf den Karten oder die Differenzen zwischen den Zahlen auf den Karten vergleichen.

Ich kann über das Einmaleins geläufig verfügen, Zahlen im Kopf addieren und subtrahieren

Spiel- oder Zehnerwürfel

Operatorspiel: Wo bringen die gewürfelten Zahlen am meisten?

Ein Spiel für zwei oder mehr Mitspielende

Spielende	·2	·3	·4	·5	Summe
Shaqir x	4	27	24	40	95
Chiara	2	9	12	30	53
Chistian	8	18	8	20	54

- Links in die Tabelle kommen die Namen der Mitspielenden.
- In die Spalten oben werden die Operatoren eingetragen.
- Reihum wird gewürfelt.
- Die gewürfelte Augenzahl wird nach jedem Wurf mit einem freien (noch nicht benutzten) Operator multipliziert.
  Das Ergebnis wird in das entsprechende Feld eingetragen.
- Sind alle Felder ausgefüllt, werden die Summen berechnet.
  Wer die größte Summe erreicht, gewinnt die Runde.

Variante:

- Die Summen können über mehrere Runden addiert werden.

Mitspielende					Summe

Mitspielende					Summe

Mitspielende					Summe

Farbstifte

Welche Reihe ist deine Lieblings-Reihe?

Suche deine Lieblings-Reihe in der Tabelle. Sie kommt zweimal vor.
Male die Felder dieser Reihe in der Tabelle aus.

·	**0**	**1**	**2**	**3**	**4**	**5**	**6**	**7**	**8**	**9**	**10**
0	0	0	0	0	0	0	0	0	0	0	0
1	0	1	2	3	4	5	6	7	8	9	10
2	0	2	4	6	8	10	12	14	16	18	20
3	0	3	6	9	12	15	18	21	24	27	30
4	0	4	8	12	16	20	24	28	32	36	40
5	0	5	10	15	20	25	30	35	40	45	50
6	0	6	12	18	24	30	36	42	48	54	60
7	0	7	14	21	28	35	42	49	56	63	70
8	0	8	16	24	32	40	48	56	64	72	80
9	0	9	18	27	36	45	54	63	72	81	90
10	0	10	20	30	40	50	60	70	80	90	100

Schreibe die Aufgaben deiner Lieblings-Reihe auf.
Schreibe dazu, warum dir die Reihe gefällt.

Welche Reihe gefällt dir am wenigsten?
Male auch die Felder dieser Reihe aus und schreibe etwas dazu.

·	0	1	2	3	4	5	6	7	8	9	10
0	0	0	0	0	0	0	0	0	0	0	0
1	0	1	2	3	4	5	6	7	8	9	10
2	0	2	4	6	8	10	12	14	16	18	20
3	0	3	6	9	12	15	18	21	24	27	30
4	0	4	8	12	16	20	24	28	32	36	40
5	0	5	10	15	20	25	30	35	40	45	50
6	0	6	12	18	24	30	36	42	48	54	60
7	0	7	14	21	28	35	42	49	56	63	70
8	0	8	16	24	32	40	48	56	64	72	80
9	0	9	18	27	36	45	54	63	72	81	90
10	0	10	20	30	40	50	60	70	80	90	100

Wie ist das bei anderen Kindern? Vergleicht miteinander.

Ich kann über das Einmaleins geläufig verfügen

Einmaleins-Lernkartei (S. 36), Arbeitsheft

Welche Malrechnungen findest du leicht, welche schwierig?

Mische die Karten deiner Einmaleins-Lernkartei.

Ziehe Karten und rechne.
Sortiere:

- Aufgaben, bei denen du dich sicher fühlst, auf die eine Seite
- Aufgaben, bei denen du zögerst oder noch rechnen musst, auf die andere Seite

Trage deine „sicheren“ Rechnungen in die Einmaleins-Tabelle ein. So hast du einen Überblick über das, was du schon kannst.

Nimm dir einige der „unsicheren“ Karten vor.
Schreibe die Rechnungen in dein Arbeitsheft.
Suche dazu Rechenwege, die du dir gut merken kannst.
Schreibe diese Rechenwege auf. Vergleiche mit anderen.

Wiederhole diese Übung immer wieder, bis alle Karten auf der sicheren Seite sind.

·	0	1	2	3	4	5	6	7	8	9	10
0											
1											
2											
3											
4											
5											
6											
7											
8											
9											
10											

Farbstifte, Lineal

Welche Reihen ergeben die gleichen Sterne?

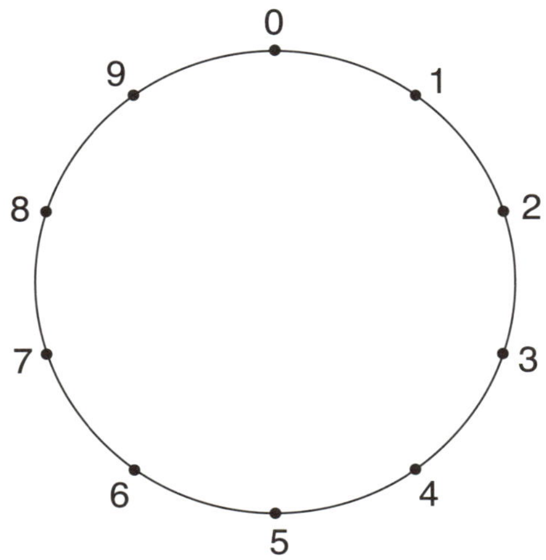

Oskar hat auf einem Nagelkreis zehn Nägel mit den zehn Zahlen
0 1 2 3 4 5 6 7 8 9
versehen.

Dann hat er einen Wollfaden gespannt. Er hat die Endziffern der Zahlen einer Reihe miteinander verbunden.

Dabei hat er diese Bilder bekommen:

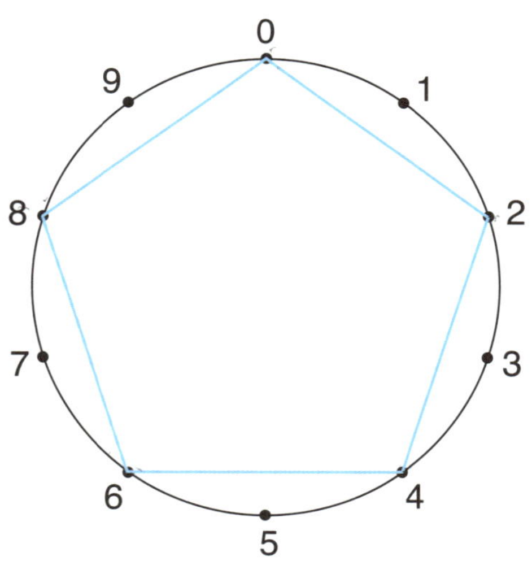

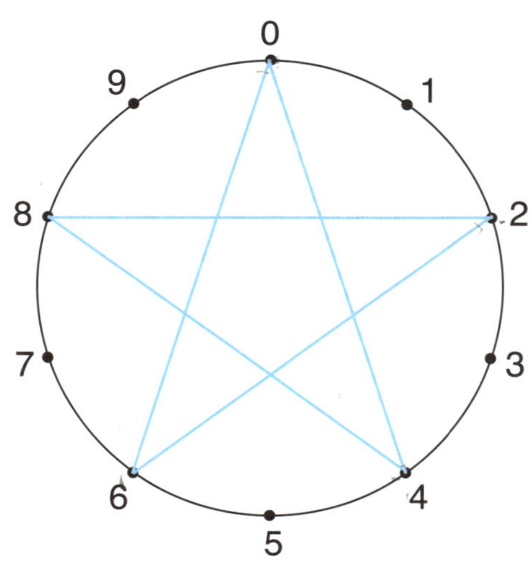

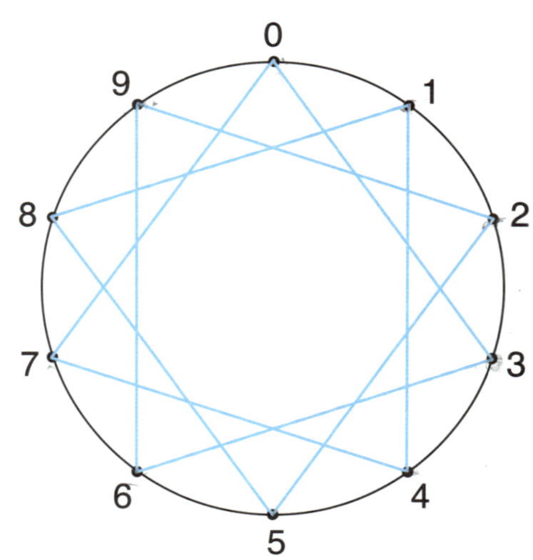

Welche Bilder passen zu welchen Reihen?

Zeichne selbst Reihensterne.
Beginne bei 0 und verbinde die Endziffern der Zahlen einer Reihe.

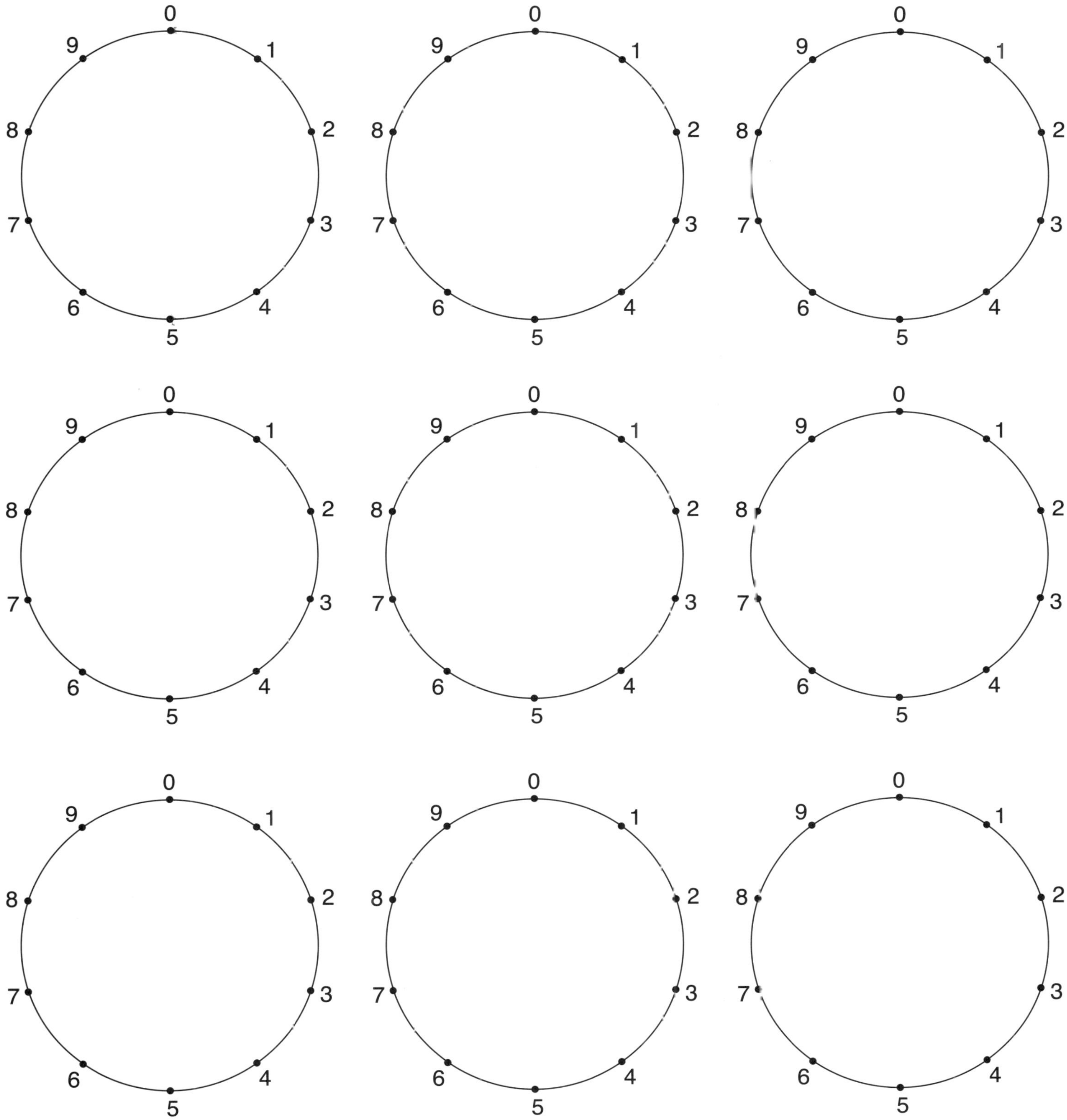

Schreibe die Reihen unter deine Sterne.
Vergleiche mit den Bildern auf der linken Seite.

Arbeitsheft

Welche Zahlen fehlen in den Tabellen?

Fülle die Mal-Tabellen aus:

1.

·	4	5	6	7
9				
8				
7				
6				

2.

·	9			7
				49
3			6	
1		5		
	72			

3.

·	6		2	
	24			
8		72		
			10	
3				21

4.

·		0		5
5	15			
	3	0		
			8	20
				45

5.

·				
5	30			
	36	48		
		72	81	
			63	0

6.

·		2		6
		16		
1	4			
			45	30
			0	

7.

•		5		4
9			9	
				20
4	12			
		35		

8.

•			8	
6				54
9		27		
4				
7	14			

Hier sind leere Mal-Tabellen. Fülle sie mit eigenen Zahlen aus.
Erfinde damit Aufgaben wie oben für andere Kinder.

•				

•				

•				

•				

Arbeitsheft, Farbstifte

Welche Rechengeschichten findest du?

Klara hat eine Rechenaufgabe gezeichnet und geschrieben:

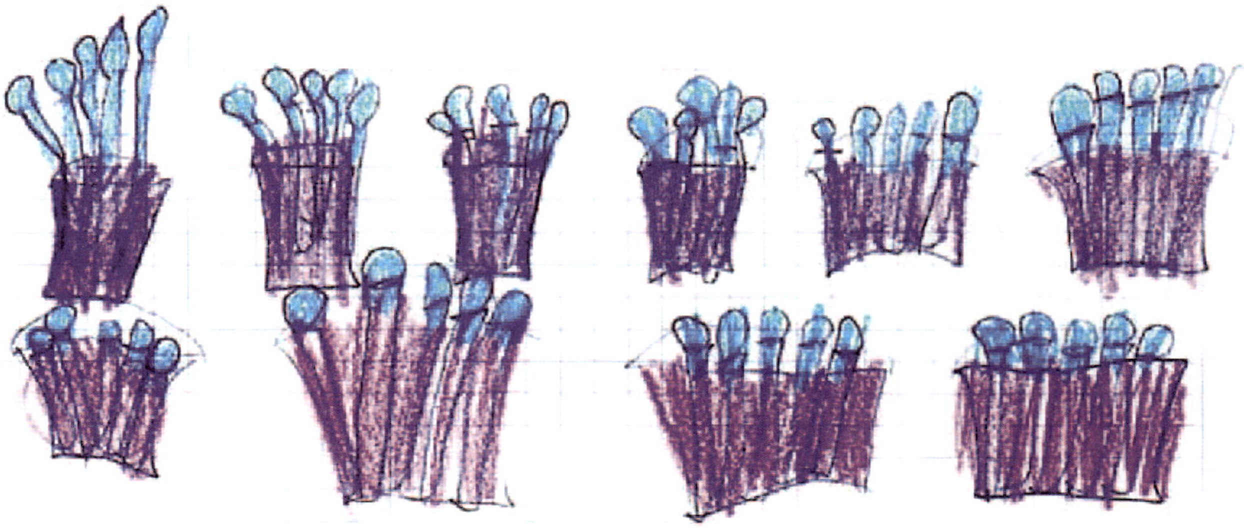

In jedem Becher sind fünf Löffel. Wie viele Löffel sind das?

Max hat dazu eine Rechnung geschrieben:

$6 \cdot 5 + 4 \cdot 5 = 30 + 20 = 50$

Welche Rechnung würdest du dazu schreiben?

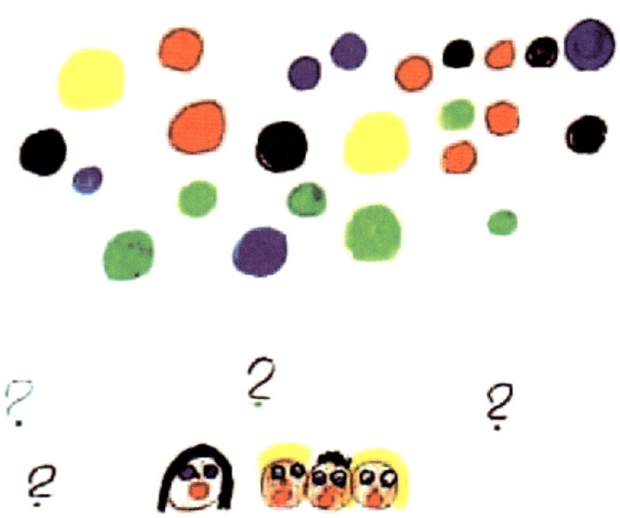

Mara hat gezeichnet und geschrieben:

Es sind 24 Bälle und vier Kinder. Wie viele Bälle bekommt jedes Kind?

Wie heißt Maras Rechnung?

Hier sind weitere Texte.
Stelle dir Fragen und schreibe Rechnungen dazu.

1. Zwei Klassen sind gemeinsam auf Klassenfahrt.
   In der einen Klasse sind 24 Kinder, in der anderen sind 19.

2. Sara teilt ihre Bonbons mit ihren drei Freundinnen.
   Jede bekommt vier Bonbons, zwei bleiben übrig.

3. In einem Korb liegen 20 Aprikosen.
   Verteile sie an Vater, Mutter und drei Kinder.

4. Im Bus fahren 83 Fahrgäste.
   Beim Bahnhof steigen 28 aus und 15 ein.

5. Im Laden stehen acht Eierkartons mit je sechs Eiern
   und fünf Eierkartons mit je zehn Eiern.

6. Max hat im Heft vom Nachbarn von einer Rechnung
   nur das Ergebnis 7 erkennen können.

7. Mia steht am Morgen immer um sieben Uhr auf.
   Am Abend geht sie um neun Uhr ins Bett.

8. Eriks Geburtstagskuchen ist 56 cm lang.
   Er teilt ihn mit fünf Freunden.

9. Valeria geht zweimal in der Woche zum Sport.
   Für den Weg zur Sporthalle braucht sie zehn Minuten.

Zeichne und schreibe eigene Rechnungen
oder Rechengeschichten in dein Arbeitsheft
oder in dein Zahlenalbum.

3 Zehnerwürfel

Vier in einer Reihe:

Welche Rechnungen mit drei Zahlen gibt es?

Würfelt abwechselnd mit drei Zehnerwürfeln.
Berechnet aus den gewürfelten Zahlen eine Zahl und markiert oder belegt die Zahl auf der Hunderter-Tafel.
Wer zuerst vier Zahlen in einer Reihe hat (nebeneinander, übereinander, diagonal), hat gewonnen.

Beispiel:
Gewürfelt wurden 3, 7, 9
Eine Auswahl möglicher Rechnungen:

$7 + 9 + 3 = 19$

$9 - 7 + 3 = 5$

$7 + 9 - 3 = 13$

$7 \cdot 9 - 3 = 60$

$7 \cdot 9 + 3 = 66$

$9 : 3 + 7 = 10$

1	2	3	4	5	6	7	8	9	10
11	12	13	14	15	16	17	18	19	20
21	22	23	24	25	26	27	28	29	30
31	32	33	34	35	36	37	38	39	40
41	42	43	44	45	46	47	48	49	50
51	52	53	54	55	56	57	58	59	60
61	62	63	64	65	66	67	68	69	70
71	72	73	74	75	76	77	78	79	80
81	82	83	84	85	86	87	88	89	90
91	92	93	94	95	96	97	98	99	100

Schreibe mit den drei Zahlen noch mehr Rechnungen auf:

1	2	3	4	5	6	7	8	9	10
11	12	13	14	15	16	17	18	19	20
21	22	23	24	25	26	27	28	29	30
31	32	33	34	35	36	37	38	39	40
41	42	43	44	45	46	47	48	49	50
51	52	53	54	55	56	57	58	59	60
61	62	63	64	65	66	67	68	69	70
71	72	73	74	75	76	77	78	79	80
81	82	83	84	85	86	87	88	89	90
91	92	93	94	95	96	97	98	99	100

- Das Spiel könnt ihr auch auf einer leeren Hunderter-Tafel spielen (oder auf einem Blatt Karopapier).
- Variante: Man darf mehr als eine Zahl pro Runde markieren.

Größen

Ich kann . . .

Zu Einheiten Beispiele angeben, Einheiten umrechnen

zu Längeneinheiten Beispiele angeben			
Uhrzeiten ablesen			
Geld in Münzen wechseln			

Größen schätzen und messen

Längen vergleichen			
Längen schätzen und messen			
Preise des eigenen Bedarfs schätzen			

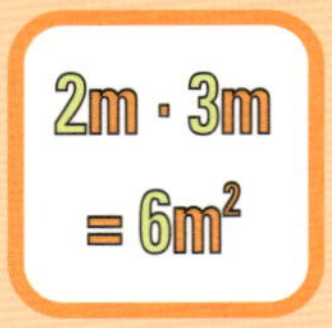

Mit Größenangaben operieren

mit Zeitangaben rechnen			
mit Geld rechnen			

Lineal,
Messband,
Arbeitsheft

Was ist ein Meter?

So sieht ein Lineal aus.
Wie lang ist es?
Mit diesem Lineal kannst du Gegenstände bis 17 cm messen.
Sammle Beispiele dazu in der Tabelle.

ungefähre Länge oder Breite	**Gegenstand**	gemessene Länge oder Breite
1 cm	Finger	
2 cm		
5 cm		
10 cm		
20 cm		
50 cm		

Größere Gegenstände kannst du
mit einem Messband messen.
Sammle ebenfalls Beispiele dazu in der Tabelle.

ungefähre Länge oder Breite	**Gegenstand**	gemessene Länge oder Breite
1 m		
2 m		
3 m		
4 m		
5 m		

In deinem Arbeitsheft ist Platz
für weitere Beispiele und Zeichnungen.

Welche Beispiele kannst du dir gut merken? Rahme sie farbig ein.
Vergleiche deine Beispiele mit anderen.

Ich kann zu Längeneinheiten Beispiele angeben

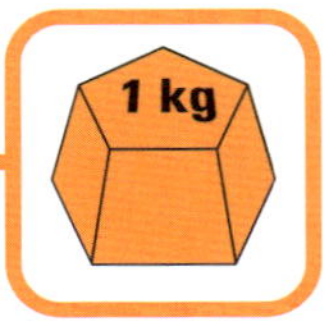

leere Spielkarten

Uhren-Quartett: Welche Karten zeigen dieselbe Zeit?

Es gibt verschiedene Möglichkeiten, eine Uhrzeit anzugeben:

Mit Zeigern auf einem Zifferblatt

Mit Ziffern auf einer „Digitaluhr“*

Du kannst sagen:

„Viertel nach zwölf“ oder auch **„Zwölf Uhr fünfzehn“** oder . . .?

Kennst du andere Sprechweisen? Schreibe sie auf:

Mit leeren Spielkarten
kannst du ein Quartettspiel herstellen.
Schreibe oder zeichne viermal dieselbe Zeit auf je eine Karte:
einmal mit Zeigern, einmal mit Ziffern und zweimal mit Worten.

* Auf englisch hat „digit“ die Bedeutungen „Ziffer“ oder „Finger“.

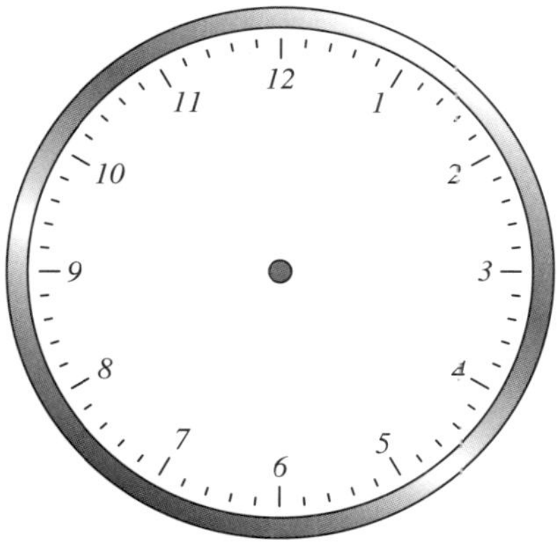
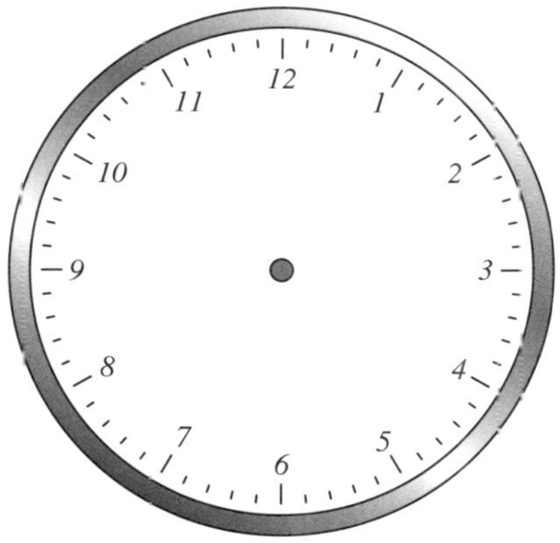
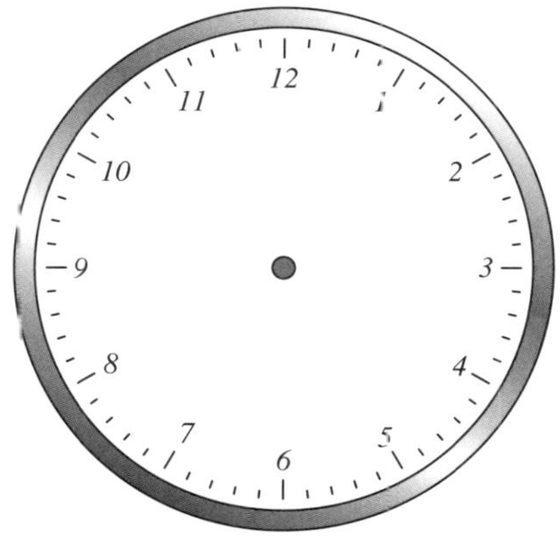
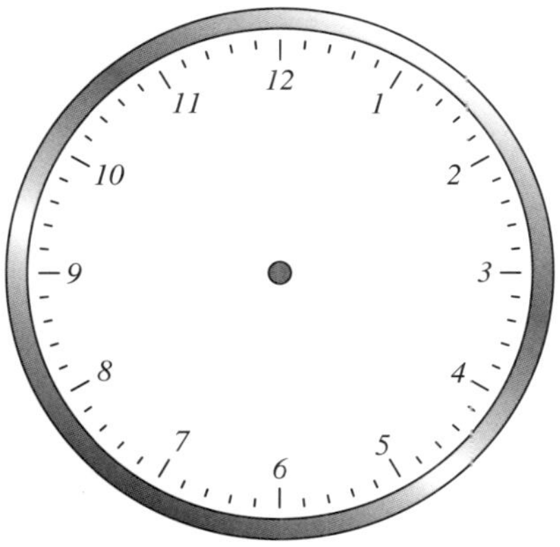
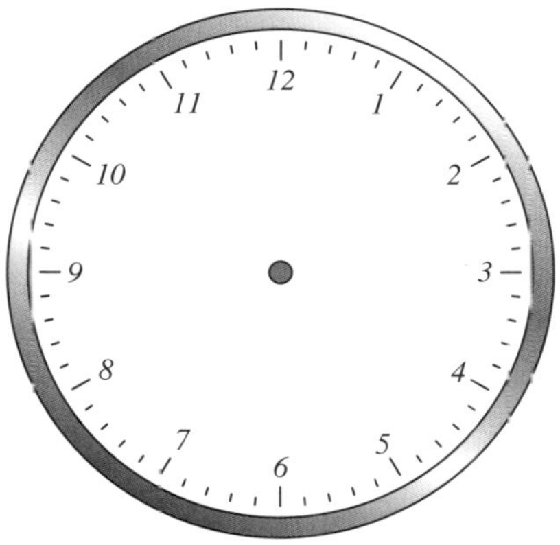
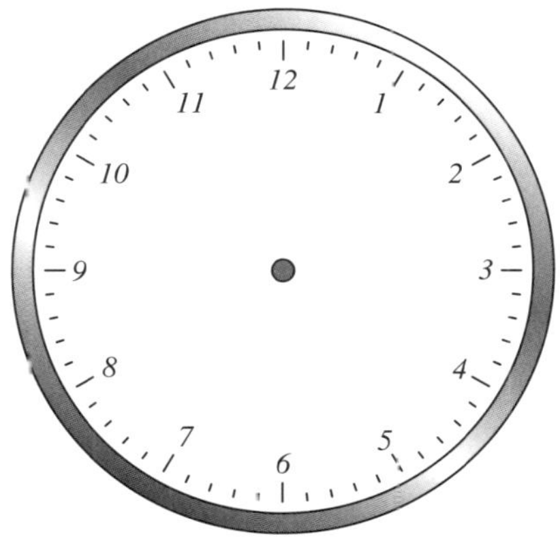
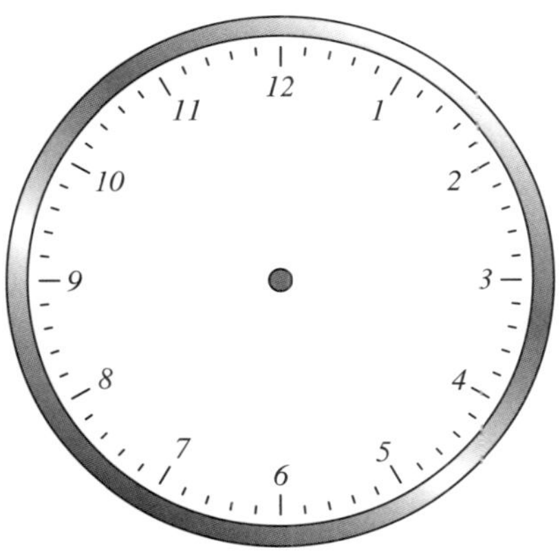
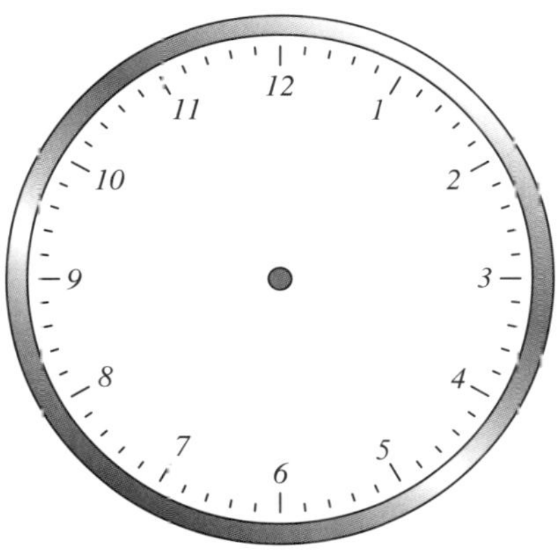
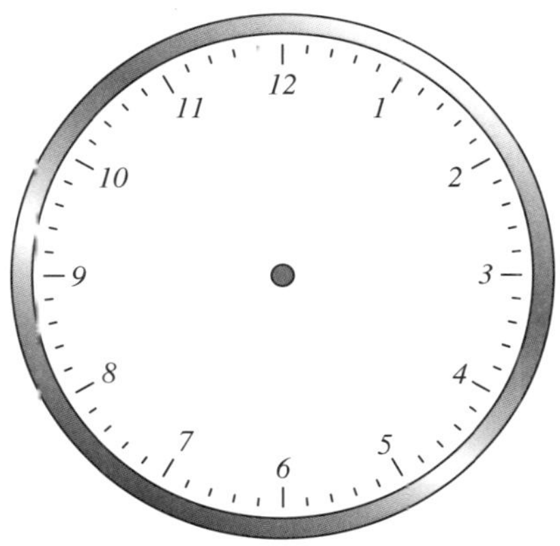
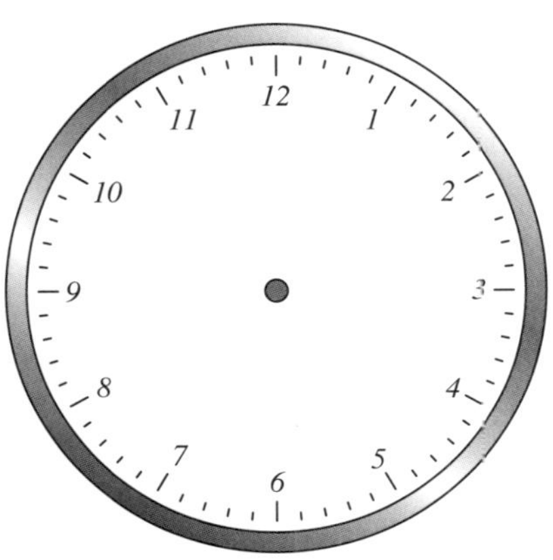
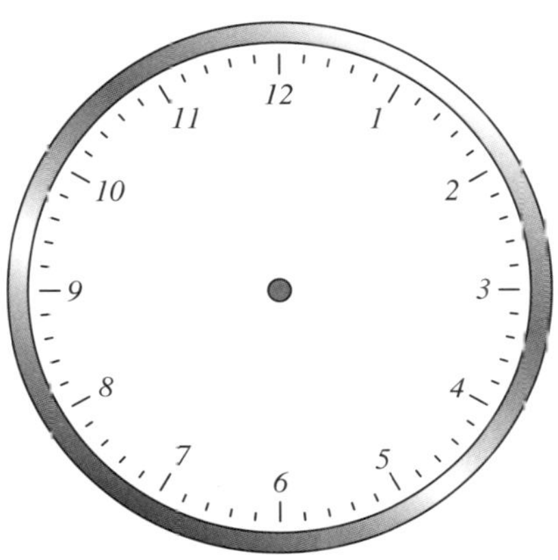
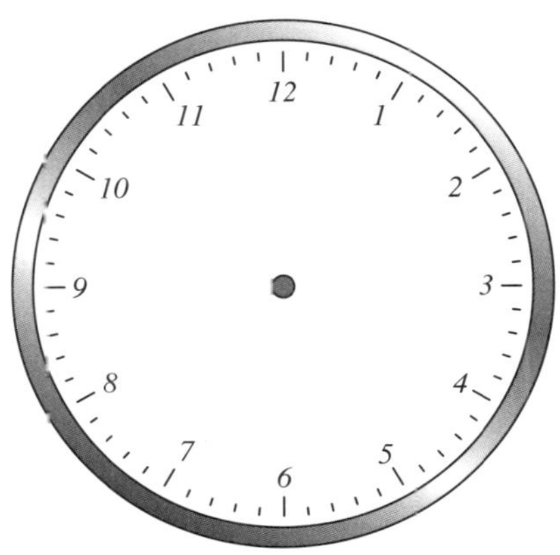

Arbeitsheft, Münzen

Auf wie viele Arten kannst du 45 Cent mit Münzen legen?

45 Cent kannst du mit 5-Cent-, 10-Cent- und 20-Cent-Münzen verschieden legen.

Wenn du nur 5-Cent-Münzen nimmst, brauchst du neun Münzen.
Kannst du den Betrag auch mit acht, sieben, sechs, ... Münzen legen?
Bitte um Münzen, wenn du welche brauchst.

20 Cent	10 Cent	5 Cent	Anzahl Münzen
			9

Hast du alle Möglichkeiten gefunden?
Vergleiche mit anderen.

Wähle einen anderen Betrag
und suche alle Möglichkeiten, ihn mit Münzen zu legen.

			Anzahl Münzen

Wie viele verschiedene Geldbeträge
kannst du mit genau zehn Münzen legen?

Messband

Wie groß bist du?

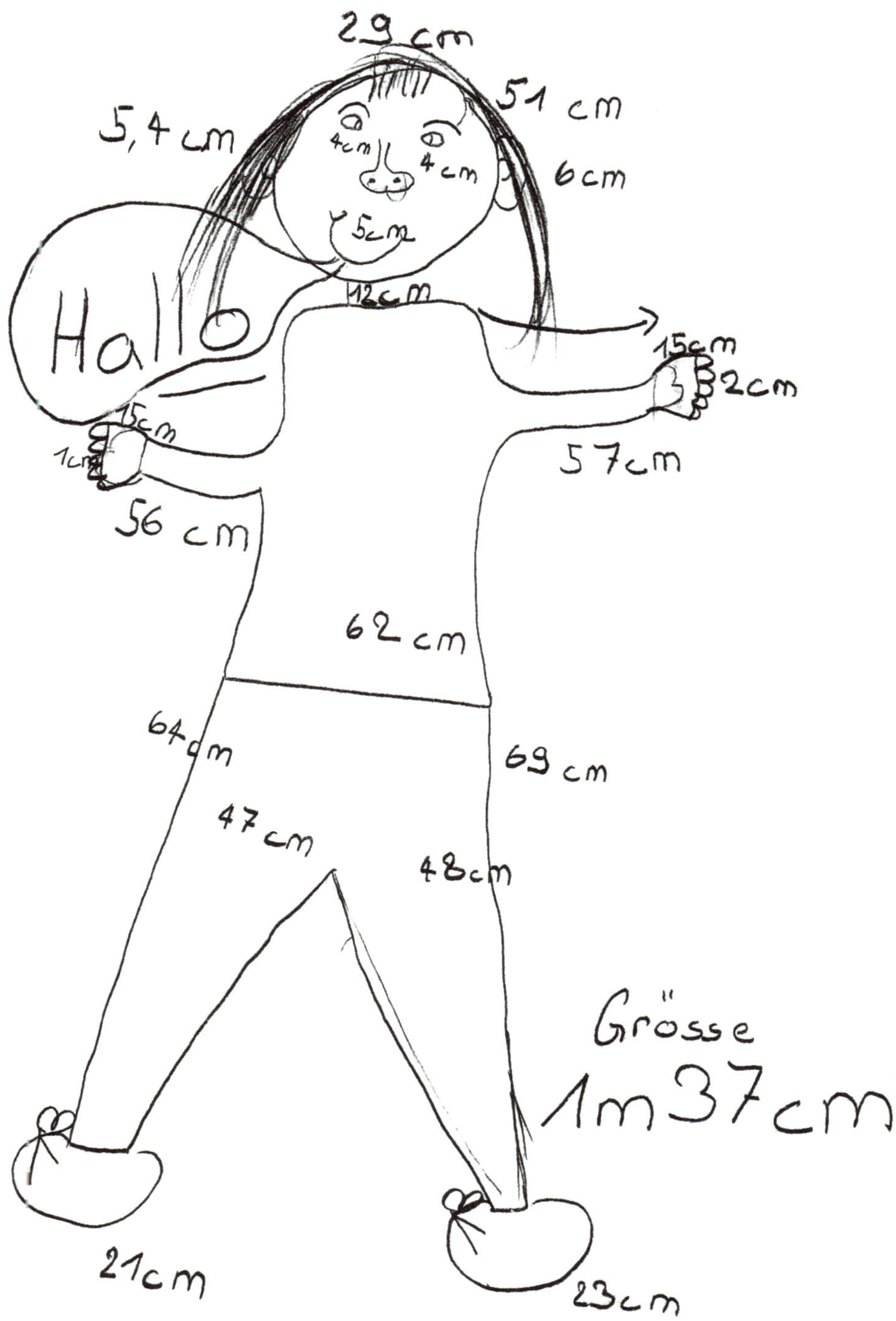

Milena hat eine Zeichnung von sich gemacht.

Dann hat sie sich mit Hilfe von Marie gemessen und ihre Maße in die Zeichnung eingetragen.

Wie groß bist du?
Bist du größer oder kleiner als Milena?

Zeichne dich und trage deine Maße in die Zeichnung ein.

Vergleiche deine Finger.
Welcher ist der längste, welcher der kürzeste?
Wie lang sind sie?

Was kostet ein Paar Schuhe?

Welche Preise kennt ihr?
Tragt in die Tabelle Schätzungen ein.
Fragt zur Kontrolle jemanden, der Bescheid weiß.

Ware	geschätzter Preis	wahrer Preis
1 Paar Schuhe		
1 Hose		
1 Jacke		
1 Brot		
1 Tüte Milch		
1 Päckchen Butter		
1 Glas Marmelade		
1 Tafel Schokolade		
1 Bleistift		
1 Schreibheft		
1 Briefmarke für 45 Cent		

Vergleicht die Preise, die ihr gefunden habt.

Stellt euch einen Wunschzettel zusammen.

Ware	geschätzter Preis	wahrer Preis

Findet ihr Erklärungen für unterschiedliche Preise?

Ich kann Preise des eigenen Bedarfs schätzen

Welche Zeit zeigt die Digitaluhr?

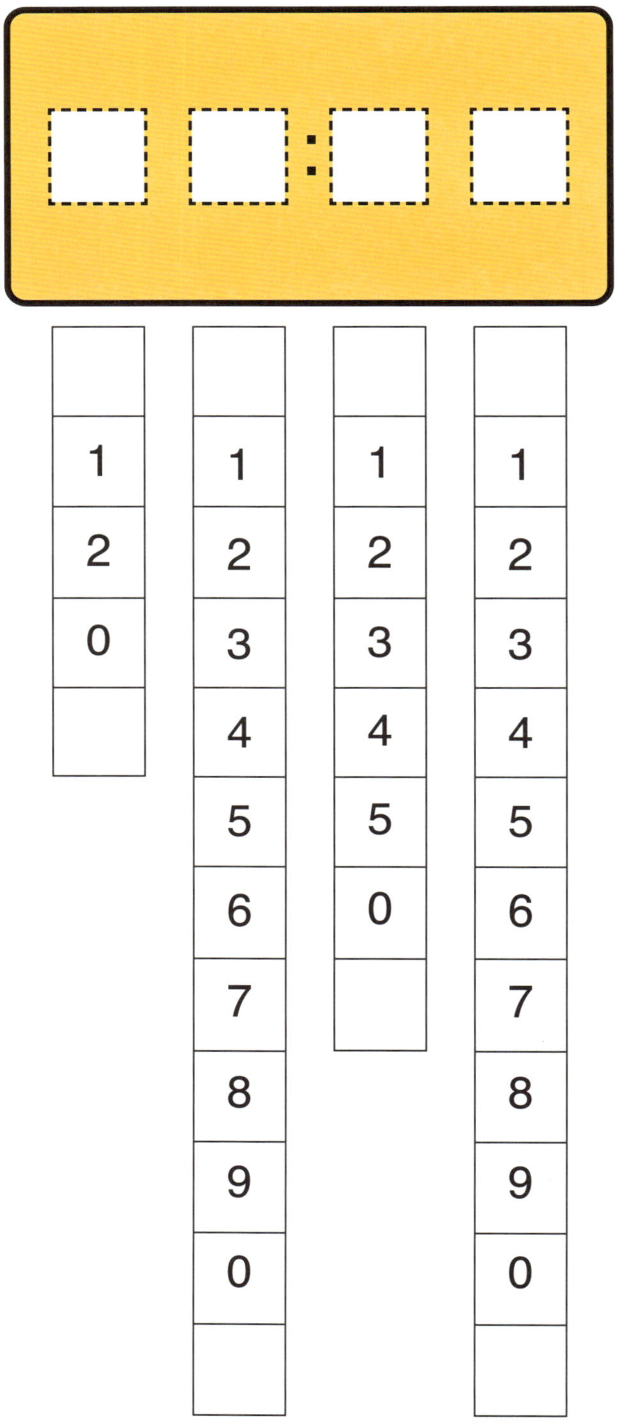

Die Zahlenstreifen passen in die „Digitaluhr“ oben.

Wenn du magst, kannst du diese Seite kopieren lassen, die Streifen ausschneiden und durch Schlitze bei den gestrichelten Linien in der Uhr ziehen. So bekommst du deine persönliche Uhr.

Weshalb enthalten der linke Streifen nur drei Ziffern, der zweite von rechts nur sechs Ziffern?

Trage in die Digitaluhr die folgenden Zeiten ein:

a) halb zehn

b) viertel nach drei

c) viertel vor elf

d) eine Viertelstunde nach 11:45

e) eine halbe Stunde vor Mitternacht

f) dreiviertel Stunden nach 14:30

g) eineinhalb Stunden vor Mittag

h) viereinhalb Stunden nach 08:30

i) eineinviertel Stunden vor 18 Uhr

j) vierzig Minuten vor Mitternacht

k) dreißig Minuten nach 15:45

l) zwölf Stunden nach Mitternacht

$2m \cdot 3m = 6m^2$

Münzen, Beutel

Wie viel Geld ist das?

Geld schätzen und zählen

Nehmt abwechselnd einige Münzen und legt sie auf den Tisch.
Wie viel sind sie zusammen wert?
Schätzt, tragt den geschätzten Wert ein und zählt nach.
Berechnet die Unterschiede als Strafpunkte.

Runde	Anzahl Münzen	Geldbetrag		Unterschied
		geschätzt	gezählt	
1				
2				
3				
4				
			Insgesamt	

Runde	Anzahl Münzen	Geldbetrag		Unterschied
		geschätzt	gezählt	
1				
2				
3				
4				
			Insgesamt	

Münzen tasten

Legt abwechselnd ein paar Münzen in den Beutel.
Ertastet die Münzen.
Tragt ihre Anzahl und den geschätzten Betrag in die Tabelle ein.
Zählt nach. Berechnet den Unterschied als Strafpunkte.

Runde	Anzahl Münzen	Geldbetrag		Unterschied
		getastet	gezählt	
1				
2				
3				
4				
			Insgesamt	

Beginnt mit wenigen Münzen.
Steigert die Auswahl und Anzahl allmählich.
Woran könnt ihr die Münzen erkennen?

Welche Beträge sind bei ein, zwei, drei, vier, fünf, ... Münzen im Beutel möglich?

Geometrie

Ich kann . . .

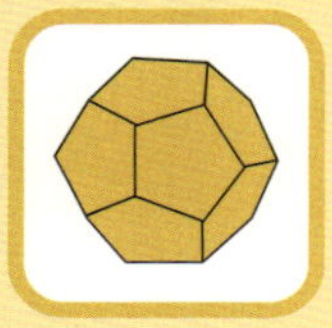

Formen und Körper erkennen und beschreiben

Dreiecke, Quadrate, Rechtecke, Kreise erkennen und benennen			
Würfel, Quader, Kugeln erkennen und benennen			

Lagebeziehungen beschreiben

Symmetrien in Figuren erkennen und beschreiben			

Bewegungen beschreiben

Wege für andere beschreiben			

Geometrische Größen messen und berechnen

Strecken, Umfänge vergleichen, schätzen und messen			

Werkzeuge und Verfahren einsetzen

Figuren zerlegen, zusammensetzen		
Figuren falten		

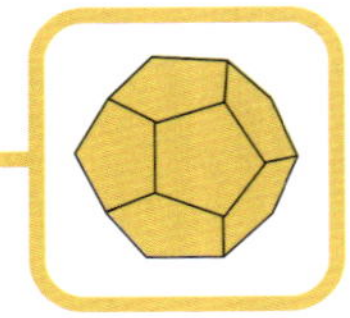

Farbstifte, Schere, Klebstoff

Wo findest du geometrische Formen?

So heißen diese Formen:

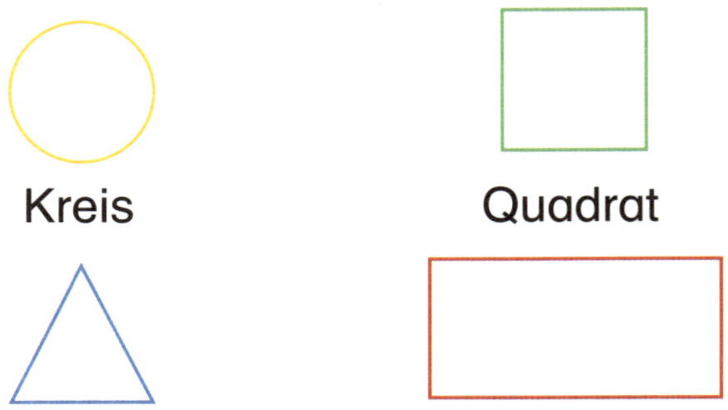

Kreis

Quadrat

Dreieck

Rechteck

Welche dieser Formen kannst du in der Zeichnung erkennen?
Markiere sie mit den passenden Farben.

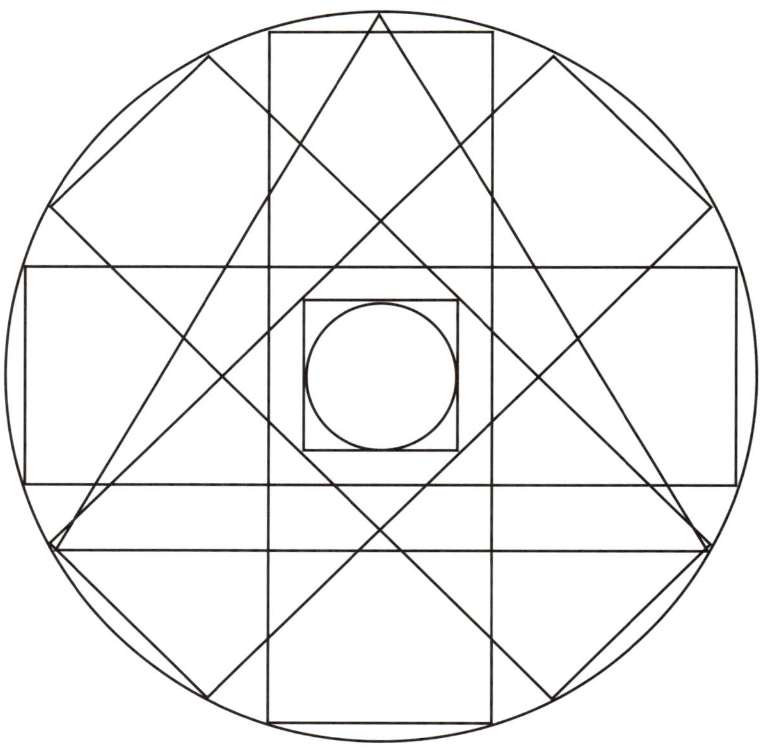

Wo findest du diese Formen in deiner Umwelt?
Sammle Beispiele und schreibe sie auf.
Zeichne sie oder klebe Bilder davon auf.

Vergleiche deine Sammlung mit anderen.

Ich kann Dreiecke, Quadrate, Rechtecke, Kreise erkennen und benennen

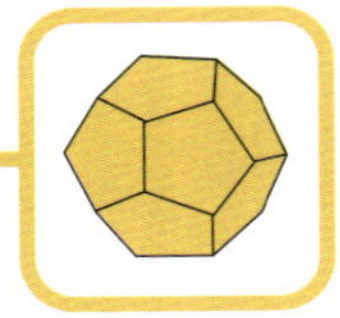

Farbstifte,
Schere,
Klebstoff

Worin unterscheiden sich Würfel und Quader?

Körper mit der Form eines Spielwürfels heißen ebenfalls „Würfel“.

Die Form einer Zündholzschachtel nennt man „Quader“.

Wie kannst du Würfel und Quader beschreiben?

Die Form eines Balls nennt man Kugel.
Beschreibe eine Kugel.

Wo findest du diese Körper in deiner Umwelt?
Sammle Beispiele und schreibe sie auf.
Zeichne sie oder klebe Bilder davon auf.

Vergleiche deine Sammlung mit anderen.

Farbstifte

Wie liegen die Felder der magischen Summen?

Der Maler Albrecht Dürer* hat 1514
in einem Kupferstich dieses magische Quadrat verwendet.
„Magisch“ heißt es deshalb,
weil die Summen der Zahlen in einer Zeile,
Spalte oder Diagonale
immer gleich groß sind.

Berechne einige Zeilen-, Spalten- und Diagonalensummen.
Wenn du die Zahlen nicht lesen kannst, schau auf die rechte Seite.

Im Zahlenquadrat von Albrecht Dürer
kannst du diese magische Summe noch viel öfter finden.
Hier sind drei Beispiele. Schreibe die Rechnungen unter die Quadrate.

16	3	2	13
5	10	11	8
9	6	7	12
4	15	14	1

16	3	2	13
5	10	11	8
9	6	7	12
4	15	14	1

16	3	2	13
5	10	11	8
9	6	7	12
4	15	14	1

* Wenn du mehr über den Maler Dürer wissen möchtest, schau in einem Lexikon oder im Internet nach oder frage jemanden.

Suche weitere solche Summen. Wie findest du sie am einfachsten?

16	3	2	13
5	10	11	8
9	6	7	12
4	15	14	1

16	3	2	13
5	10	11	8
9	6	7	12
4	15	14	1

16	3	2	13
5	10	11	8
9	6	7	12
4	15	14	1

16	3	2	13
5	10	11	8
9	6	7	12
4	15	14	1

16	3	2	13
5	10	11	8
9	6	7	12
4	15	14	1

16	3	2	13
5	10	11	8
9	6	7	12
4	15	14	1

16	3	2	13
5	10	11	8
9	6	7	12
4	15	14	1

16	3	2	13
5	10	11	8
9	6	7	12
4	15	14	1

16	3	2	13
5	10	11	8
9	6	7	12
4	15	14	1

16	3	2	13
5	10	11	8
9	6	7	12
4	15	14	1

16	3	2	13
5	10	11	8
9	6	7	12
4	15	14	1

16	3	2	13
5	10	11	8
9	6	7	12
4	15	14	1

Farbstifte

Welche Felder bekommen dieselbe Farbe?

Das ist das „Gitter“
eines arabischen Fliesenmusters.

Die Fliesen haben
verschiedene Farben.
Hier ist ein Beispiel.
Du kannst weitere Farben hinzufügen.

Die beiden Gitter auf der nächsten Seite
kannst du färben, wie es dir gefällt.
Wenn du vorher Kopien von der Seite machen lässt,
kannst du verschiedene Muster erzeugen.
Vergleiche deine Färbungen mit denen anderer Kinder.

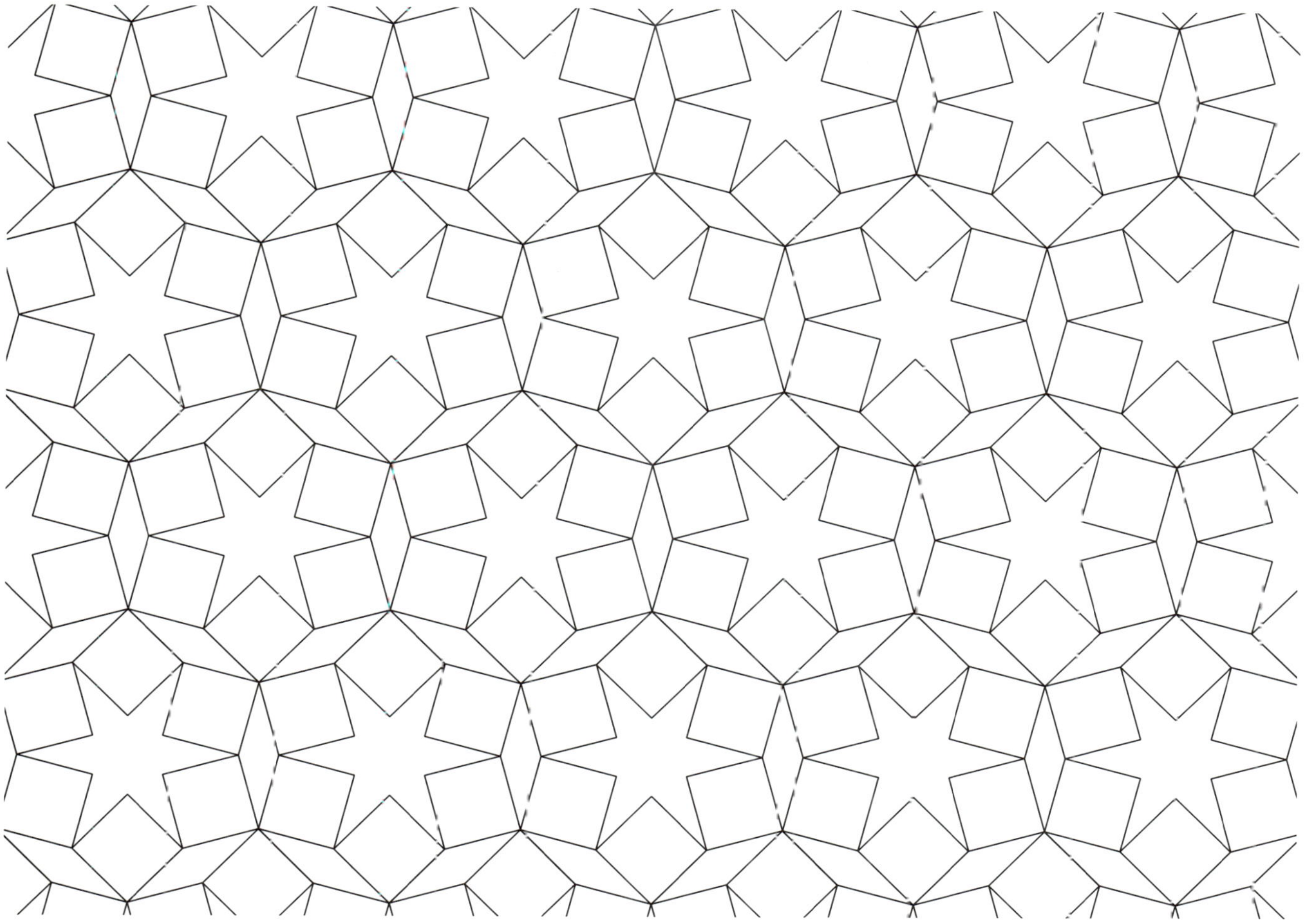

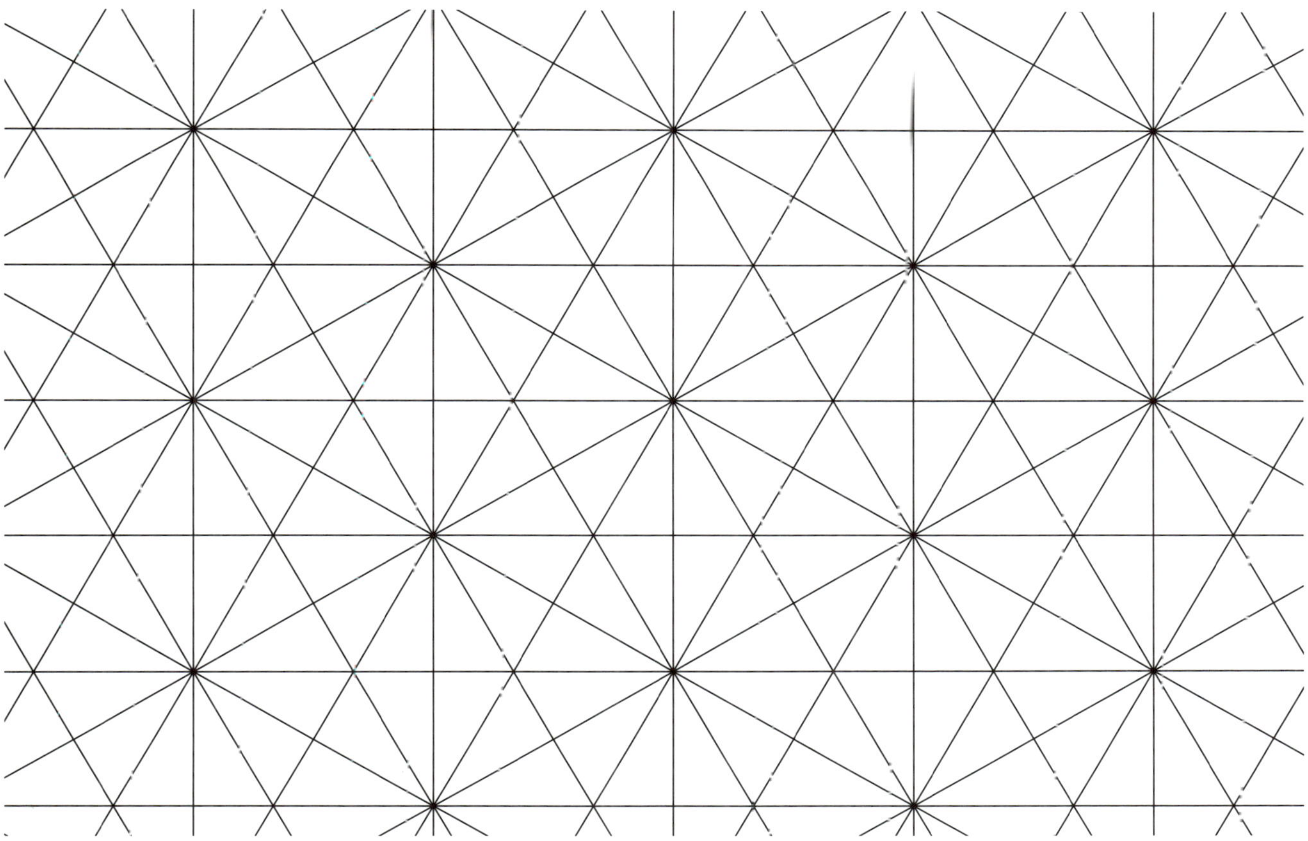

Links-Rechts-Diktat: Nach rechts, links, oben oder unten?

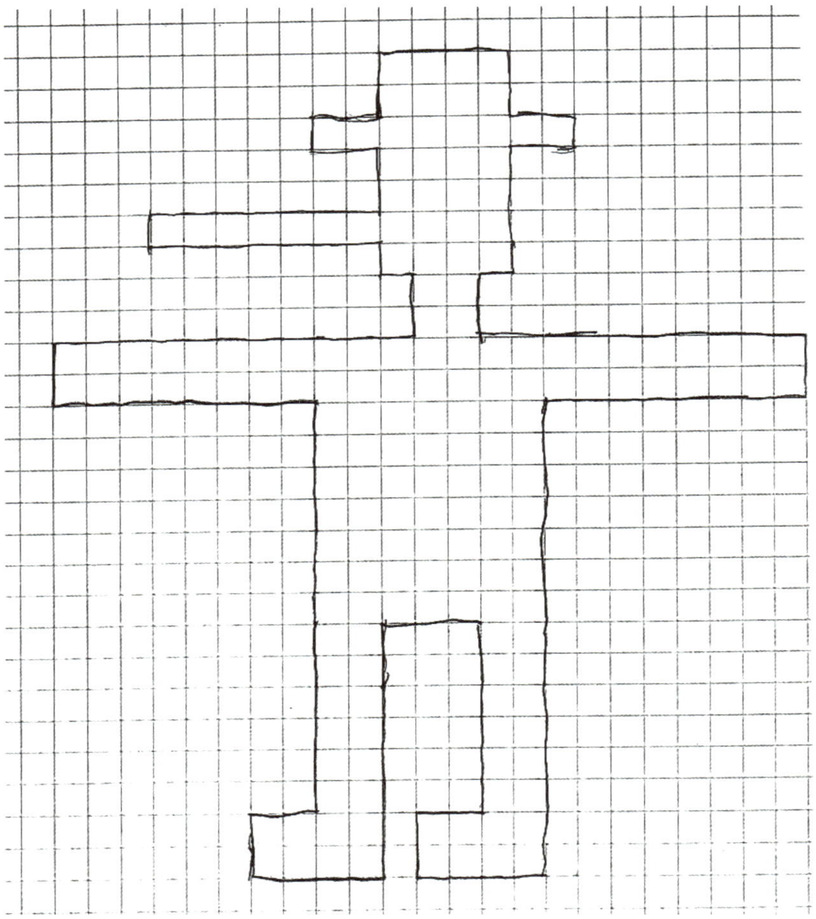

Nirusha hat eine Figur gezeichnet und sie den anderen diktiert:

„Zehn Kästchen nach rechts, zwei nach unten, acht nach links, ..."

Zeichne Nirushas Figur ab.

Entwirf selbst eine Figur und diktiere sie anderen.

Wo hat Nirusha mit dem Diktat begonnen?

Wie lang ist der Strich von Nirushas Figur?

Lineal

Wie lang sind die Strecken?

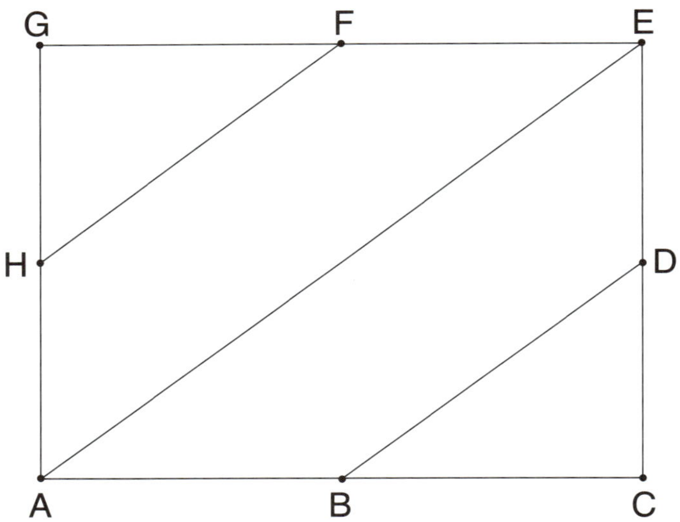

In der Figur ist die Strecke von A nach E 10 cm lang.
Man schreibt dafür
AE = 10 cm
Andere Strecken sind 3, 4, 5, 6, 8 cm lang.
Welche?
Ergänze die Tabelle.

Länge	Strecken
3 cm	
4 cm	
5 cm	
6 cm	
8 cm	
10 cm	AE

Wie lang sind die Strecken in der Figur unten rechts?
Wie kannst du deine Messungen kontrollieren?

Länge	Länge
AB	
BC	
CD	
DE	
EF	
FA	

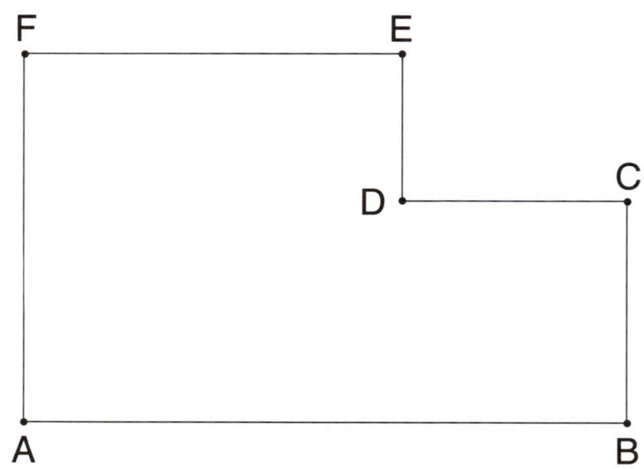

Zeichne selbst eine Figur.
Bezeichne die Punkte mit Buchstaben und miss die Strecken.
Tausche deine Aufgabe mit anderen.

Lineal,
Messband

Welche Figur hat den größten Umfang?

Miss mit einem Messband deinen Bauchumfang.

Wie groß ist er? ______________

Auch geometrische Figuren haben einen Umfang:
die Länge der Linie „außen herum“.

Vergleiche die Umfänge der drei Figuren.
Was glaubst du:
Welche hat den längsten Umfang, welche den kürzesten?

Miss nach und schreibe
deine Messwerte zu den Figuren.
Hast du alle Strecken gemessen oder auch gerechnet?

Miss den Umfang eines Arms beim Handgelenk.
Ist er größer oder kleiner als der Umfang der Figuren?

Schätze und miss die Umfänge von Körperteilen und Gegenständen.
Schreibe auf und vergleiche, was du geschätzt und gemessen hast.

Papier,
Schere

Kannst du Faltanleitungen „lesen“?

Hier sind die Schritte abgebildet,
mit denen du einen Becher falten kannst.
Nimm ein quadratisches Stück Papier,

1

2

3

falte es in einer Diagonalen (1),
markiere durch Falten zwei Punkte auf den kurzen Seiten (2 und 3)

4

5

6

falte dann die rechte untere Ecke zu dem Punkt auf der linken Seite (4),
dann die linke untere Ecke hinten herum zu dem Punkt auf der rechten Seite (5).
Jetzt werden noch die oberen Spitzen vorne und hinten in diese
umgeklappten Ecken eingesteckt – und fertig ist der Becher (6).

Blüte, Schmetterling, Hund und Schwein:

farbiges Papier, Schere, Klebstoff

Welche Figuren kannst du aus Dreiecken zusammensetzen?

Valerina hat mit farbigen Dreiecken ein Bild gestaltet und auf schwarzes Papier geklebt.

Solche Dreiecke kannst du aus farbigem Papier selbst herstellen. Falte und zerschneide ein quadratisches Papier, so wie es die Figur zeigt.

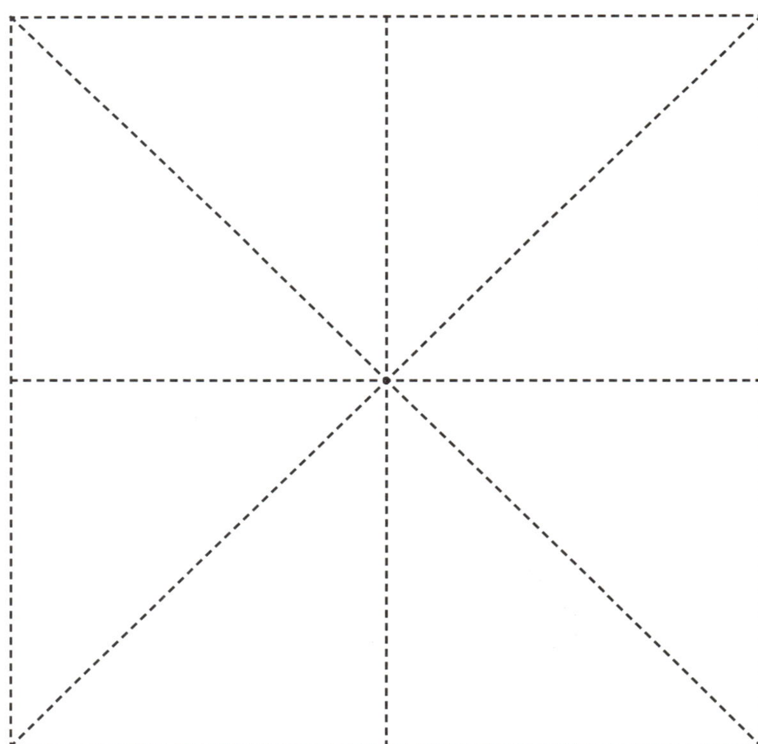

Lege aus den Dreiecken schöne Bilder und klebe sie auf.

farbiges Papier,
Schere,
Klebstoff

Wie sind die Figuren zusammengesetzt?

Aus einem Quadrat kannst du acht Dreiecke schneiden.
Lege mit den Dreiecken die Figuren auf dieser Seite nach.
Zeichne die Dreiecke in die leeren Figuren auf der rechten Seite ein.

Tangram: Wie sind die Figuren zusammengesetzt?

Das Tangram ist ein uraltes Legespiel.

So wird es konstruiert:

So sieht es als Puzzle aus:

Alle Figuren auf der nächsten Seite
sind aus den Tangram-Teilen zusammengesetzt.
Gib den Figuren einen Namen. Lege sie nach.

Du kannst auch eigene
Figuren erfinden und legen.
Nimm dazu immer alle sieben Teile des Puzzles.
Zeichne den Umriss auf ein Blatt
und gib es anderen zum Nachlegen.

Zuordnungen

Ich kann ...

Funktionen und Relationen erkennen und beschreiben

Zahlenfolgen fortsetzen			
Tabellen ergänzen und erweitern			

Figurenfolgen und Abbildungen erkennen und beschreiben

Figurenfolgen fortsetzen			
Figuren spiegeln und drehen			

Zuordnungen verschieden darstellen

Zahlen aus Tabellen lesen, in Tabellen eintragen			

Wie gehen die Zahlenfolgen weiter?

Hier sind Beispiele für Zahlenfolgen. Setze diese Zahlenfolgen fort.
Wie rechnest du? Beschreibe die Zahlenfolgen mit Worten.

a) 5, 7, 9, 11, 13, ___, ___, ___, ___

___

b) 12, 15, 18, 21, 24, ___, ___, ___, ___

___

c) 85, 82, 79, 76, ___, ___, ___,

___

d) 68, 66, 62, 60, 56, ___, ___, ___,

___

e) 1, 2, 4, 7, 11, ___, ___, ___,

___

Du kannst die Zahlenfolgen auch mit Zahlenkarten legen oder auf einem Zahlenband markieren.

Denke dir eigene Zahlenfolgen aus.
Lass sie von anderen Kindern fortsetzen.

Welche Zahlen gehören zu welchen Reihen?

Färbe auf dem Zahlenband die gegebenen Zahlen.
Setze die Zahlenfolgen in beide Richtungen fort.
Wie findest du jeweils die nächste Zahl?

1.

0	1	2	3	4	5	6	7	8	9	10	11	12	13	14	15	16	17	18	19	20	21	22	23	24	25

26	27	28	29	30	31	32	33	34	35	36	37	38	39	40	41	42	43	44	45	46	47	48	49	50	51

_______________, 9, 12, 15, _______________

2.

0	1	2	3	4	5	6	7	8	9	10	11	12	13	14	15	16	17	18	19	20	21	22	23	24	25

26	27	28	29	30	31	32	33	34	35	36	37	38	39	40	41	42	43	44	45	46	47	48	49	50	51

_______________, 12, 16, 20, _______________

3.

0	1	2	3	4	5	6	7	8	9	10	11	12	13	14	15	16	17	18	19	20	21	22	23	24	25

26	27	28	29	30	31	32	33	34	35	36	37	38	39	40	41	42	43	44	45	46	47	48	49	50	51

_______________, 21, 28, 35, _______________

Trage in die leeren Bänder rechts
die Folgen der Einmaleinszahlen ein.
Welches Bild bekommst du? Vergleiche mit anderen.

Reihe

1er	0	1	2	3	4	5	6	7	8	9	10	11	12	13	14	15	16	17	18	19	20	21	22	23	24	25	26	27	28	29	30	31	32	33	34	35	36	37	38	39	40	41	42	43	44	45	46	47	48	49	50
2er																																																			
3er																																																			
4er																																																			
5er																																																			
6er																																																			
7er																																																			
8er																																																			
9er																																																			
10er																																																			

1er	51	52	53	54	55	56	57	58	59	60	61	62	63	64	65	66	67	68	69	70	71	72	73	74	75	76	77	78	79	80	81	82	83	84	85	86	87	88	89	90	91	92	93	94	95	96	97	98	99	100
2er																																																		
3er																																																		
4er																																																		
5er																																																		
6er																																																		
7er																																																		
8er																																																		
9er																																																		
10er																																																		

Wie viele Gäste kannst du einladen?

Selina darf zu ihrem Geburtstag Gäste einladen.
Für das Fest schenkt ihr ihre Oma 50 €.
Selina überlegt und rechnet mit einer Tabelle.
Sie beginnt:

Anzahl Gäste	Essen	Trinken	zusammen
1	3 €	2 €	5 €
2	6 €	4 €	10 €

Wie viele Kinder kann sie einladen?
Wie viele sind es, wenn sie für Getränke
nur 1 € pro Gast rechnet?

Wie würdest du das Geld für das Fest aufteilen?
Überlege dir, was du deinen Gästen
zum Essen und Trinken anbieten möchtest.
Finde heraus, was es kostet und für wie viele Gäste das Geld reicht.

Bilder, Spiegel, Farbstifte

Wie sieht etwas im Spiegel aus?

Betrachte einige Bilder – etwa Postkarten – in einem Spiegel, so wie das Dobre und Moritz tun.

Was ist im Spiegelbild anders als im Original?
Kannst du Schrift im Spiegel lesen?

So hat Lucas die Zeichnung ergänzt.

Wie machst du das?

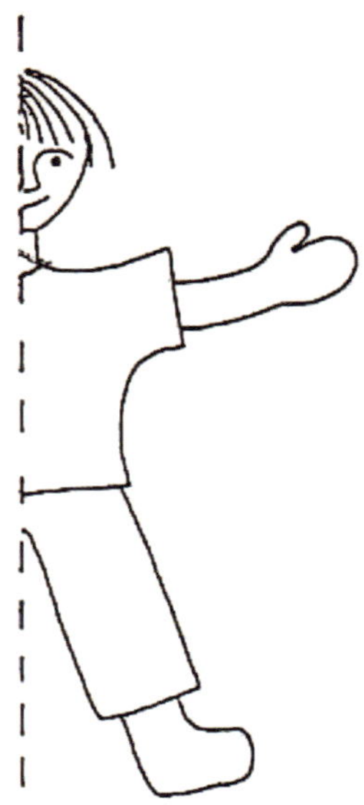

Zeichne etwas und stell dir vor,
wie deine Zeichnung im Spiegel aussehen würde.
Zeichne dieses Spiegelbild und überprüfe es mit einem Spiegel.

Farbstifte

Band-Ornamente:

Wie geht das Muster weiter?

Setze diese Muster fort.

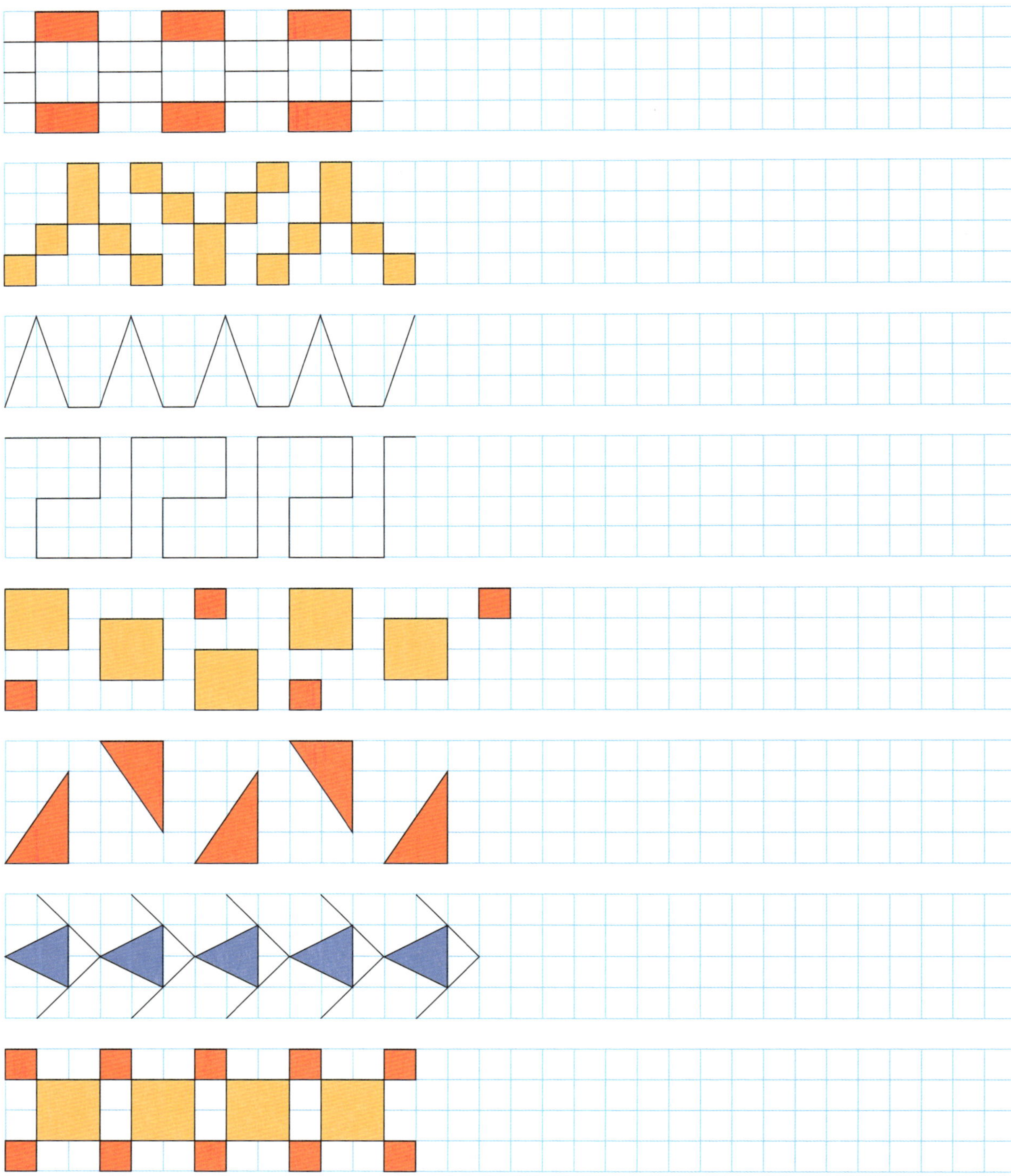

Bruno hat mit Plättchen ein Muster gelegt
und es nachher aufgezeichnet.
Entwirf eigene Muster
auf Karopapier oder mit Plättchen wie Bruno.

farbiges Papier,
Schere,
Klebstoff

Wie kannst du ein schönes Herz machen?

So kannst du
ein schönes Herz machen:
Falte ein Blatt
in der Mitte.
Zeichne an die Faltkante
ein halbes Herz.

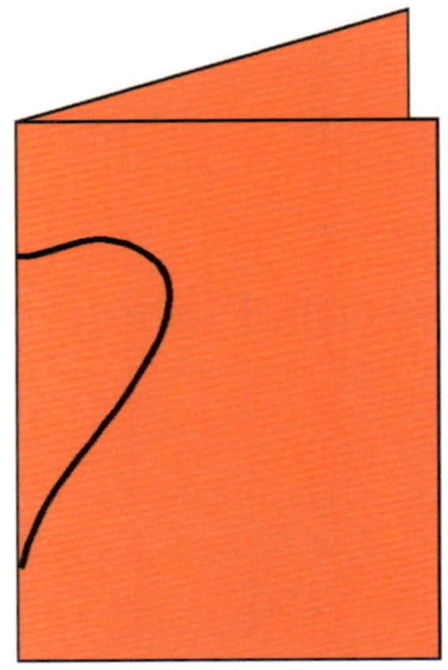

Schneide dein halbes Herz
aus dem gefalteten Blatt aus
und du bekommst
ein ganzes Herz.

Schau dir das Foto an.
So kannst auch du
symmetrische Bilder
erzeugen.
Du brauchst dazu
farbiges Papier
und Klebstoff.

Vergleiche deine Bilder mit anderen.
Klebe dein schönstes Bild auf diese Seite.

Farbstifte

Welche Endziffern* kommen in den Reihen vor?

Schreibe in die Tabelle,
wie oft eine Ziffer als Endziffer in der Reihe vorkommt.

Beispiel: In der 6er-Reihe kommt die
Endziffer 4 zweimal vor: in 24 und 54.

	0	1	2	3	4	5	6	7	8	9
1er-Reihe										
2er-Reihe										
3er-Reihe										
4er-Reihe										
5er-Reihe										
6er-Reihe					2					
7er-Reihe										
8er-Reihe										
9er-Reihe										

Wie kannst du deine Tabelle überprüfen?

Färbe alle Felder dieser Einmaleins-Tabelle,
die Zahlen mit der Endziffer 4 enthalten.

Kannst du das, ohne die Einmaleins-
ergebnisse aufzuschreiben?

·	0	1	2	3	4	5	6	7	8	9
0										
1										
2										
3										
4										
5										
6										
7										
8										
9										

* „Endziffer" heißt die letzte Ziffer einer mehrstelligen Zahl.

Mache es nun ebenso für andere Endziffern.
Tauscht eure Tabellen aus.

·	0	1	2	3	4	5	6	7	8	9
0										
1										
2										
3										
4										
5										
6										
7										
8										
9										

·	0	1	2	3	4	5	6	7	8	9
0										
1										
2										
3										
4										
5										
6										
7										
8										
9										

Male jetzt in einer Tabelle die Felder von zwei verschiedenen Endziffern aus.
Die beiden Endziffern sollen zusammen 10 ergeben.

Beispiel: Endziffern 4 und 6
Verwende zwei verschiedene Farben. Was fällt dir auf?

·	0	1	2	3	4	5	6	7	8	9
0										
1										
2										
3										
4										
5										
6										
7										
8										
9										

·	0	1	2	3	4	5	6	7	8	9
0										
1										
2										
3										
4										
5										
6										
7										
8										
9										

Mathematisieren Problemlösen

Ich kann ...

... **Sachverhalte übersetzen und darstellen**

... **mit Schwierigkeiten und Problemen umgehen**

... **und noch vieles mehr**

Hier findet Platz,
was schwieriger einzuordnen ist
und dennoch Spaß macht.

Auch in Zeitschriften und Büchern
findest du Knobeleien
mit Zahlen und aus der Geometrie.
Sammle sie und tausche sie mit anderen aus.

Wie funktioniert der Trick?

Zahlen verraten mir dein Alter!

Nimm dein Alter, multipliziere es mit 10 und subtrahiere eine beliebige Neunerzahl kleiner als 90.

Sag mir deine Zahl und ich sage dir, wie alt du bist.

Bitte jemanden,
sein Alter mit 10
zu multiplizieren und dann davon
eine Zahl aus der Neuner-Reihe
(also 9, 18, 27, 36, 45, 54, 63, 72 oder 81,
aber nicht 90!) zu subtrahieren.
Lass dir dann das Ergebnis sagen.
Wenn du die letzte Ziffer des Ergebnisses
zu der davor stehenden Zahl addierst,
weißt du das Alter.
Kannst du das erklären?

Beispiel:
Das Alter sei 30 Jahre.
Mit 10 multipliziert: $10 \cdot 30 = 300$.
Davon beispielsweise 63 abgezogen:
$300 - 63 = 237$.
$23 + 7 = 30$ – das gesuchte Alter.

Stimmt das immer?

Ich kann Rechenwege und -verfahren erläutern und begründen